世界で一番美しい
工具図鑑

TOOLS
A Visual Exploration of Implements
and Devices in the Workshop

創元社

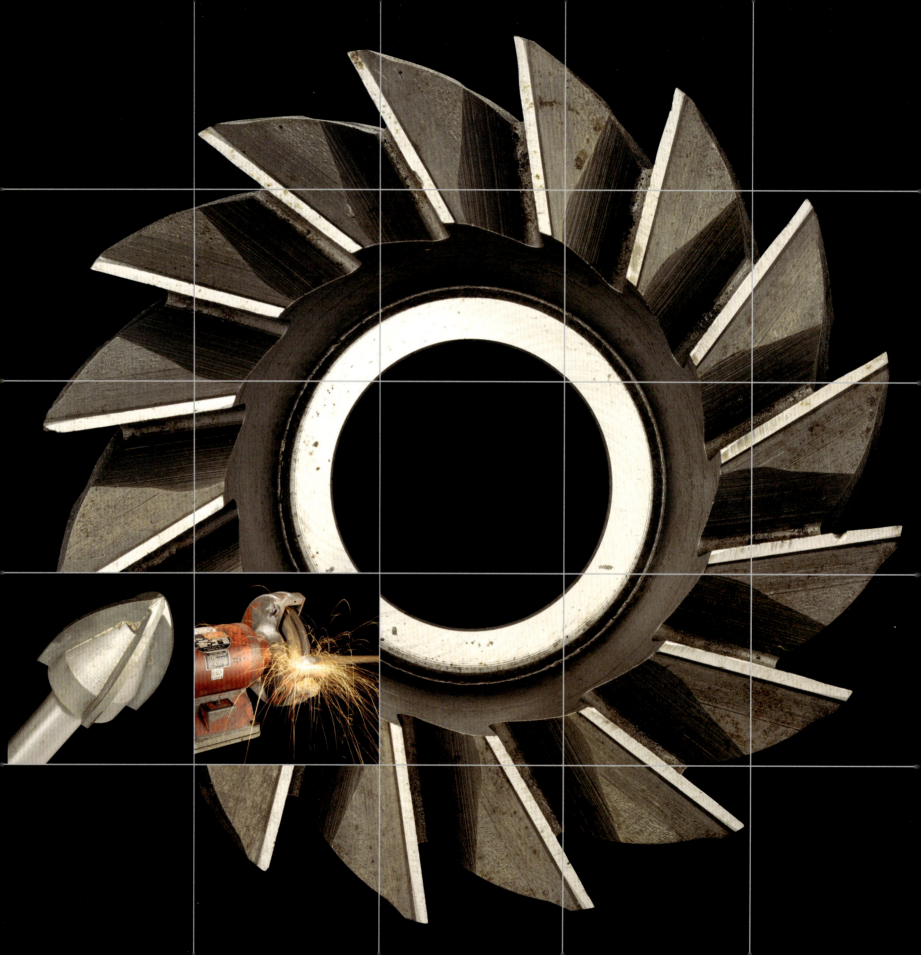

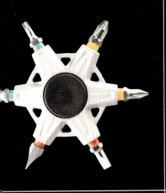    

世界で一番美しい 工具図鑑

TOOLS
A Visual Exploration of Implements and Devices in the Workshop

創元社

  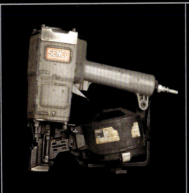  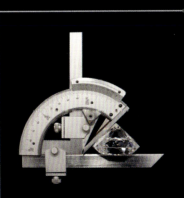

セオドア・グレイ［著］　ニック・マン［写真］
Theodore Gray　　　　　Nick Mann

高野倉匡人［監修］　武井摩利［訳］
Masato Takanokura　Mari Takei

監修者序文

この本は「図鑑」であると同時に、著者のセオドア・グレイ氏の人生を、工具と共に語る「回顧録」です。

工具は人の日常生活の中に溶け込んでいます。モノに興味を持つ人であればあるほど、人とモノとの間に介在する工具の存在は色濃く記憶に残ります。そして、その記憶のひとつひとつが人生を豊かにしているというのは疑う余地もありません。

この図鑑の素晴らしいところは、最新のカタログに掲載されているような新品の工具を並べているものではないということです。著者がこれまで、信じられないような手間と時間をかけて収集した工具から選りすぐられ、数多くの想い出と共に紹介されている内容は、当初私が想像した図鑑とは対極にあるものでした。1ページに、必ずひとつふたつ登場する、おもわずクスリとさせられるエピソードからは、著者のユーモアのセンスを感じるものであると共に、アメリカの文化や歴史が伝わってきました。

私が工具に魅力を感じるのは、各々の国の文化や歴史によって、同じような形の工具でも、呼び方が違っていたり、使い方が微妙に異なっていたり、それによって細部の形状が違っていたりするところです。地域の歴史や民族的な違いから、工具は産地の特性を色濃く反映して形を変えていきます。日本で人気の工具がアメリカでも必ず人気が出るとは限りません。アメリカでは定番の工具が日本では見向きもされないなんていうことも少なくありません。世界の工具開発者は常に想定される販売エリアにおける購買者のニーズを探りながら、小さな工夫を重ねていくのです。

じつは、「工具図鑑の監修をお願いできないか？」と、いうお話を頂いた時、すぐに返事することが出来ませんでした。私は、工具業界に長く身を置いてきたことで、これまでに多くの工具関連の書籍や雑誌を執筆してきました。取材を通じて、工具の専門家が記述したものが、どれだけ難解でわかりにくいものであるかという事がわかっていたからです。しかし、この本をほんの数ページ、読み進めるうちに私の心配は全く無用だということがわかりました。

この図鑑にはこれまで私が見たこともない工具が沢山掲載されています。数十年前のアメリカの工具はこんな形をしていたのか？　この工具はどんな人たちがどんな思いで作り、どんな人の人生を支えてきたのだろう。図鑑のなかの工具を凝視すれば、空想とロマンに溢れるアメリカの旅を堪能できることでしょう。

最後に、著者のセオドア・グレイ氏はもちろん、この素晴らしい図鑑を日本で刊行して頂いた創元社の皆様には、一人の工具ファンとして深く感謝申し上げます。ありがとうございました。

ファクトリーギア株式会社　代表取締役
ハンドツールジャーナリスト　髙野倉 匡人

はじめに
INRODUCTION

私がこれまでに書いた本はすべて、自分にとって大きな意味を持つものごとがテーマでした。化学の本（元素図鑑、分子図鑑、化学反応図鑑）は、派手に燃えるもので遊びたいという幼少期の願望（と大学で得た学位）から生まれました。幼少期から今に至るまで私が抱く「ものの仕組みへの関心」は、人間よりも機械とともにいる方が心地よかったから生まれ、もののしくみ図鑑やエンジン図鑑として結実しました。そして本書では、いちばん個人的な好みを取り上げています。

物心ついた時から、工具は私の生活の中心を占めていました。私の最も古い記憶の多くは、文字通り工具と結びついています。特に印象深いのは、テーブルの高さくらいの背丈しかなかった頃、釘にドリルで穴を開けたいと思ったことです。

オートマチックの輪ゴム銃を作ろうと思ったのですが、私の設計では釘に十文字に穴をあけ、その穴を中心にして釘を回転させる必要がありました。手動式ドリルしか扱った経験のない当時の私には、それは不可能です。釘の曲面にドリルの先端が安定して当たるようにすることなんて誰にもできないし、そもそも、そんなに小さなドリルがこの世に存在するなんて想像もできませんでした。

当時私たちはスイスの祖父の家に住んでいたので、私はおじにこのアイディアを話して、手伝ってくれませんかと頼みました。彼は、家の下の方の階にある機械工房に私を連れて行き、冷蔵庫ほどの大きさがありながら極めて軽快かつ精密に動作する機械を使って、釘の中心を完璧に貫く小さな穴をあけてくれました。私の小さな胸がどれほど高鳴ったことか。

その巨大な機械の姿をよく覚えていないため、それが大型のボール盤だったのか、小型の縦フライス盤だったのか、それともジグ中ぐり盤だったのかはわかりません。なんにせよ、スイス製かドイツ製の最高級の精密工具だったことは間違いありません。3ミリの釘の真ん中に1ミリの穴をあけるなんて、その機械には子供の遊びくらい簡単なことでした（文字通り、私という子供の遊びに付き合ってくれたという点でも）。

あの時の工具の力を忘れたことはありません。あの機械は、今の私を形成しているさまざまなもののひとつです。本書は、そうした工具の物語であり、また、私がその後の人生で出会ってきた多くの新しい工具の物語でもあります（本書の執筆中に見つけたものも含まれています）。ひとつのテーマに関して様々なバリエーションを探して（不思議の国のアリスのように）うさぎの穴に入っていくと、工夫に富んでいて愉快で驚きに満ちた品々の果てしないパレードに遭遇するものです。

このうさぎの穴はかなりお金がかかります。工具依存症の私が工具の本を書くなんて、人生で最悪の事態かもしれません。ですから……そうですね……どうか本書を楽しんで下さい！

デウォルト族
THE DEWALT PEOPLES

道具は、生活の中に"たまたま"あるものではありません。文明は道具によって定義されます。「石器時代」も「青銅器時代」も「鉄器時代」も、使われていた道具の材料に基づく区分です。もっと具体的な名称もあります。「クローヴィス人」は、古代のアメリカ大陸で「クローヴィス尖頭器」という特徴的な石器を使っていた人々を指します。地域ごとの道具の違いは、ごく最近まで続いていました。20世紀の後半まで、スイスの工房の工具はたいていスイス製かドイツ製でしたし、米国人のガレージは、クラフツマン、スタンレー、ミルウォーキーなどの「メイド・イン・アメリカ」の工具でいっぱいでした。

こうした部族主義は今も残っていますが、地理的な位置はあまり関係がなくなりました。たとえば私は、長い間「デウォルト族」の一員でした。私の作業場を発掘すれば、非常に高価な黄色いバッテリーが特徴的なデウォルト・ブランドの工具がふんだんに出土することでしょう（バッテリーは工具よりも高価なことが多いので、バッテリーを共有できるように、工具を買い足す際に同じブランドの製品を選びたくなるのです）。デウォルト族はミルウォーキー族を嫌悪し、リョービ派を哀れみ、ブラック+デッカー団のことは眼中にありませんでした。

近年、工具の多様性の世界はかなり狭くなっています（それは他の多くの製品も同じですが）。世界中のどこの工具店に入っても、ほとんど同じドライバー、ハンマー、プライヤー（ペンチ）、ドリルなどが並んでいます。店の規模に応じて品ぞろえがまちまちであったり、たまにその土地ならではの製品に出会えて嬉しくなることもありますが、だいたいは似たり寄ったりです。

その最大の理由は、一般的に使用される工具のほとんどすべて（および一般的でない工具のかなりの部分）を、中国が供給していることにあります。たとえば、ミルウォーキーツールは現在、香港に本社を置く会社が所有しています。これは悪いことでしょうか？別にそうではありません。デウォルト党の私としては認めるのが悔しいですが、ミルウォーキーはいま、プロ仕様の業務用電動工具の世界ではおそらく最も尊敬されているブランドです。彼らはあなたの想像もつかないくらい多くの種類の工具を製造し、それらを毎日本気で使い倒している人々に、しかるべき値段で販売しています。

良い道具はいつの時代も高価で、かつてはその高価な品以外の選択肢がありませんでした。現在は、高品質で高価な工具も買えますが、多くの場合は、問題なく良い工具を安く手に入れられる選択肢があります。駆け出しの若い職人や再チャレンジしようとする年配の職人にとって、それは人生を左右する要因になりえます。

本書で私は、すべての道具に平等に愛情を注いでいます——安いものも高いものも、古いものも新しいものも、地味なものも派手なものも。箱から出したてのピカピカの新品も、使ってすり減った工具も、長年使われずに傷んでしまった道具も、載せてあります。新品は、CMに出てくる画像修正されたコードレス釘打ち機のようにきれいです。けれども、より深い美しさを見せてくれるのは、使い込まれて歴戦の勇者のような風格をただよわせる道具たちです。

そうした品物は、遺品のオークションや骨董品店で見つけることができます。持ち主が弱って手入れできなくなってから、その工具が新たな人生へ向かって日の当たる場所に出てくるまでの長い歳月の間に、錆びついていることもよくあります。売り手がひどい磨き方をしていることもあります。ボロボロの袋に入れられ、カビくさく、シャワーを浴びさせる必要がある品もあります。いずれにせよ、それらは愛されてきた道具であり、誰かの手足となって人生を共に歩んできた道具です。写真家のニック・マンと私は、この本で、そんな工具たちの内面と外面の美しさをお見せできればと願っています。

道具とは何か？
WHAT IS A TOOL?

「道具」は、最も古く、最も普遍的で、最も基礎的な概念のひとつです。「言語」や「数の勘定」と並んで、私たち人類という種(しゅ)を特徴づけています。

道具という言葉の定義をどの程度広くとるかにもよりますが、私たちは生活のほとんどすべての場面で道具を使っています。朝、ぐっすり眠るための道具（ベッド）で目覚めるところから、夜寝る前に歯に小さな高圧洗浄器（ジェット水流式口腔洗浄器）を使うところまで、生活のほとんどすべてに道具が伴います。可能な限り広い意味での道具を提示し、道具ではないものと区別するためのこの説明は、私のお気に入りです。

道具は、触媒です。

化学の世界で、他の物質の化学反応に働きかけて反応速度を速めつつ、自身は変化しない物質を、触媒といいます。触媒は反応によって変化しないため、反応物を投入し続ける限り、触媒としての働きを続けることができます。同様に、道具も材料を与え続ける限り働き続けます。木材を反応物とすれば、ノミは触媒として、あなたが歯でかじるよりもずっと早く木材を削り、ノミ自体は変化しません。

しかし残念ながら、この定義は本書の土台に据えるには広すぎます。また、仮にもう少し狭い定義を採用しても、あてはまる道具は山ほどあります。ですから本書では、たいていの人が工具と呼ぶであろうもの、一般にホームセンターで売っていそうな器具や装置、それに加えて、同じアイディアが思いがけず違った形で表現されている興味深いバリエーションのいくつかに限定して、紹介していくことにします。

本書の執筆にあたり、まず自分が所有するすべての道具を並べました。幼少期からの愛用品、家や農場を建てた時のもの、いま使っているものです。そこに、オークション、遺品整理セール、骨董品店、金物店、ホームセンター、Reddit（掲示板型SNS）、eBay（ネットオークションサイト）、AliExpress（中国発の国外通販サービス）、深圳(しんせん)の市場（新型コロナのせいでバーチャルツアー）、バンガロールの市場（対面購入）、スクラップの山で見つけたものや、友人・親戚から入手したものを多数加えました。ひとつひとつ定規で測り、目録番号をつけ、収蔵場所（自宅、農場、あるいはほとんどの場合、私の工房の棚に番号を付して積んだ木箱）を記録しました。全部で約2500点ありましたが、本書に収録できたのはそのうちの4分の1程度です。

極めて特殊な用途のエキゾチックな道具も登場しますが、本書で紹介する道具の大部分は、私や、私とよく似た人たちが使っていたものです。ひとりの人間にこれほど多くの種類の道具が必要だという意味ではなく、むしろ、どんな種類の道具にも楽しいバリエーションが無数にあり、どれを使っても作業はできるものの、それぞれに独自の長所と短所があるということです。

あなたに合う道具はどれでしょう？ 魔法使いの杖と同様、道具は使い手を選びます。店の棚で運命の人を待ち、その人が現れたら飛び出して、滑らかな曲線美や手になじむ太さの柄でスタイルと実用性をアピールします。道具があなたを見つけた時、あなたにもそれがわかるはずです。長年にわたり、数多くの道具たちが私にアタックしてきた経験から、そう言い切れます。

本書の構成
HOW THIS BOOK IS ORGANIZED

お気付きのように、本書のもくじは元素の周期表と同じ形をしています。ばかげた思い付きに見えるかもしれませんし、本書に載せる道具の体系化を私が最初に考えた時点では、実際ばかげていたかもしれません。出版社と私は、工具をどうカテゴリー分類するかについて、何度も話し合いました。私は、見開き2ページで1種類の工具を扱い、全部で100種類ほどを取り上げたいと考えました。偶然にも、現在名づけられている元素の数（118）とほぼ同じです。ただ、「工具の周期表」という着想を得た当初は、私が名前を挙げることができる道具の種類なんて118よりずっと少ないのではないかと心配でした。ところが大違い。私のコレクションを読者が納得できる区分に整理しようとしたら、それと同じくらいの数になったのです。

その100種類以上の道具は、より大きなカテゴリーに分類できます。たとえば、ハンマー（金槌）、マレット（木槌など）、大ハンマー、ツルハシ、斧、パワーハンマーや、さらにはハンマーで打った釘を引き抜く釘抜きも、打撃工具の仲間です。

100種類ほどのものが、12種類ほどのグループに分類されている——これをどう配置するか？ 私が書いて最も売れた本が元素周期表に関する図鑑であるなら、答えは明らかです。最後の決め手は、periodictableoftools.com〔工具周期表〕というURLが取得できたことでした。そのウェブサイトでは、本書に載せられなかった多くの工具もみなさんにお見せしています。

本書の構成は、元素周期表の基本的な性質に従っています。周期表の同じ縦列の元素は似たような性質を共有し、下に行くほど重くなります。工具の周期表では、同じ列には関連する工具が含まれ、下にあるものほど大きく、重く、強力です（元素周期表にはこのルールの例外として金属と非金属を分ける13〜16列目の対角線が存在し、それは工具周期表ではドリルとレンチを分ける対角線に相当します）。

せっかくなので、道具と元素の特性の似た部分をいくつか取り入れた表にしてみました。たとえば、周期表の17列目は危険なハロゲンで、ほとんどの物質と燃えるように激しく反応します。そこで、工具周期表の17列目には、溶接用具、はんだ付け用具、鋳造用具、レーザーカッターなど、熱を使うものを並べました。29番元素は銅なので、その位置には銅の合金である真鍮や青銅製の、火花を飛ばさない道具を配しました（ただし道具と元素の対応関係はそれくらいです。あまり配置を深読みしないで下さい）。

工具を118のマスに並べるのは心躍る作業でした。みなさんも同じように楽しみながら本書を読んで下さるよう願っています。

安全上の注意
A NOTE ON SAFETY

　小さい頃、私は父にこう尋ねたことがあります。「自分を切ってしまうのに一番の方法は何？」いくつかの問答の末、私が知りたかったのは「誤って自分を切ってしまう可能性が最も高いのはどんな行為か」だとわかってもらえました。父の答えは、「木材の切り始めをガイドする時に親指を丸ノコの刃に当てる」でした（当然、そうすれば指が切れます）。

　道具は本当に危険です。どんな工具でもケガはあります。私自身、本書に載っている工具の多くでケガをしたことがあります。しかし、ケガをしたのはいつも、比較的無害に見える工具を使っていた時でした。ドライバーが滑って自分に刺さったことは数え切れませんし、木工用やすりで皮膚を削ったり、ハンマーで親指を叩いたり、融けた鉛を自分にかけてしまったりもしました。

　逆に、テーブルソー、マイターソー、溶接トーチ、チェンソー、フライス盤、その他命にかかわるような工具を使って負傷したことはありません（溶接していて熱い鋼鉄の球を素足の上に落としたことはありますが）。作業完遂のためなら多少の流血は覚悟の上ですが、後遺症が残るほどのケガのリスクをわざわざ冒したりはしません。失明なんてもってのほか。つねに最悪のシナリオを考え、それに対する予防策を講じます。

　どんな工具を使う時も、その前に、自分がどこまでのリスクなら許容でき、どこから先のリスクは冒す気がないかを、きちんと判断しておきましょう。本書に登場する工具のほとんどは、動作原理や使い方を正しく理解していなかったり、いいかげんに扱ったりすると、ケガをする危険性があります。とはいえ、私は本書の工具について、これ以上安全上の警告をするつもりはありません。そんなことをしたら、「マイクロメーターにはあなたの頭を切り落とす可能性がある」と強弁する弁護士のように、警告だらけになってしまいますから。

　注意深く、安全に、気を抜かずに作業して下さい。そして、もし工具でケガをしたなら、その事故を防げたのはあなた自身だけであり、私でも、本書でも、工具に付属する安全警告文書でもないと思って下さい（もっとも、あなたが安全文書をきちんと読んでいれば防げたかもしれません）。唯一助けになるのは、私の父の「どうすれば自分を切断できるか」の教えでしょう。ノコギリの歯のガイドのしかたを学んだことは、私が手持ち工具で自分を切断せずにやってこれた理由のひとつです。

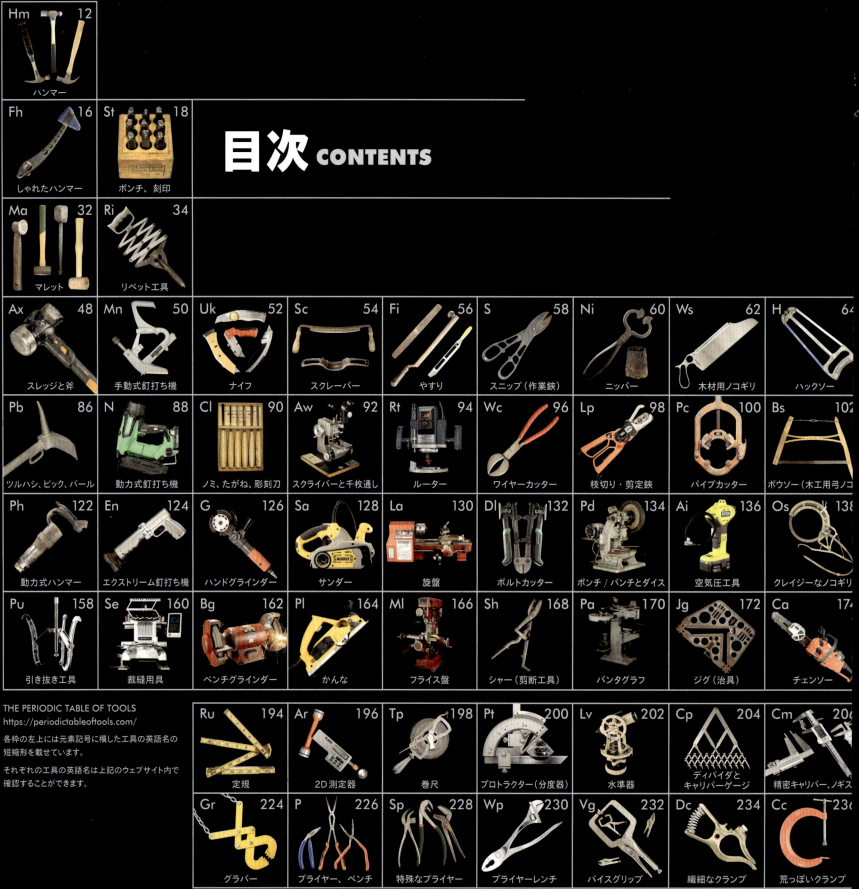

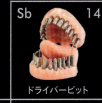

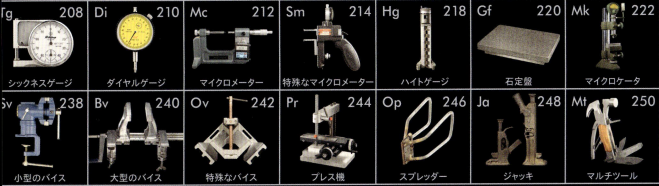

ハンマー

ハンマーは最初の道具です。道具はハンマーから始まりました。古代のわれらが祖先がお気に入りの叩き石を棒の先に結びつけて以来、私たちはその設計に改良を加えてきました。あらゆるハンマーの基本的な物理構造は、「細長いものの先に硬くて重いものが付いていること」です。

ハンマーが進化するにつれ、先端に付ける硬くて重いものは、岩石から丈夫だがあまり硬くない青銅へ、そして最終的には、現代のネイルハンマーにみられる鍛造・硬化鋼までたどりつきました。細長い柄(え)の方は、今日でも多くの人が祖先たちと同じく木材を好みますが、新しい選択肢としてグラスファイバー、鋼鉄、魅力的なチタンもあります。どの素材にも長所と短所があります。木材は腐り、鋼鉄は錆(さ)びます。その点ではグラスファイバーが優れています。チタンは軽くて強靭ですが、非常に高価です。いずれにせよ、どれが自分に合っている素材かを知るには、実際に数日間酷使してみるほかありません。

今のハンマーの多くは、ヘッドの後端に釘抜き用の爪があるネイルハンマーです。この形状は近代の発明に見えるかもしれませんが、ハンマーと釘抜きが初めて組み合わされたのはローマ時代で、最初の鍛造鉄釘の登場からほどなくのことでした。すべての道具の祖先であるハンマーへの挑戦者たる動力式釘打ち機(88、124ページ)や動力式ハンマー(124ページ)などが現れて本格的な競争が始まったのはこの60年ほどで、ハンマーの長い歴史から見ればほんの一瞬です。

◀チッピングハンマー。しかし、使い込まれて鏨(ちょうな)(49ページ)になりかけています。

◀最もよく目にする3種類のハンマー。ヘッドの後部が比較的まっすぐなリップハンマー(左)は大釘用、後部がカーブしたクローハンマー(右)はそれよりは小さい釘用、片手ハンマー(中)は何にでも使えます。

▶ピーニングハンマーは、金属(特に溶接部など)を繰り返し正確に叩いて強度を上げるために使われます。大きな片手ハンマー(左ページ)からこの宝飾品職人用ハンマーまで、サイズも形も多様です。

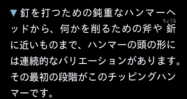

◀二重頭釘には頭がふたつあり、片方の頭が上に出たままになるため、引き抜きが容易です。釘もそれが固定する建材も一定期間だけもてばよい仮設工事で重宝されます。

▲ずん胴でスイングの速度(=打撃の勢い)はあまり出ませんが、狭い場所で釘を打つ際や、本物のハンマーが見つからない時には便利です。

▼釘を打つための鈍重なハンマーヘッドから、何かを削るための斧や鏨(ちょうな)に近いものまで、ハンマーの頭の形には連続的なバリエーションがあります。その最初の段階がこのチッピングハンマーです。

▲庭を囲うフェンスを作った時、ボードをはめ込むためのハンマー代わりに使ったのがこれです。手近にハンマーがなく、これはあったからです(ボードはネジ留めなので、これで釘を叩いてはいません)。

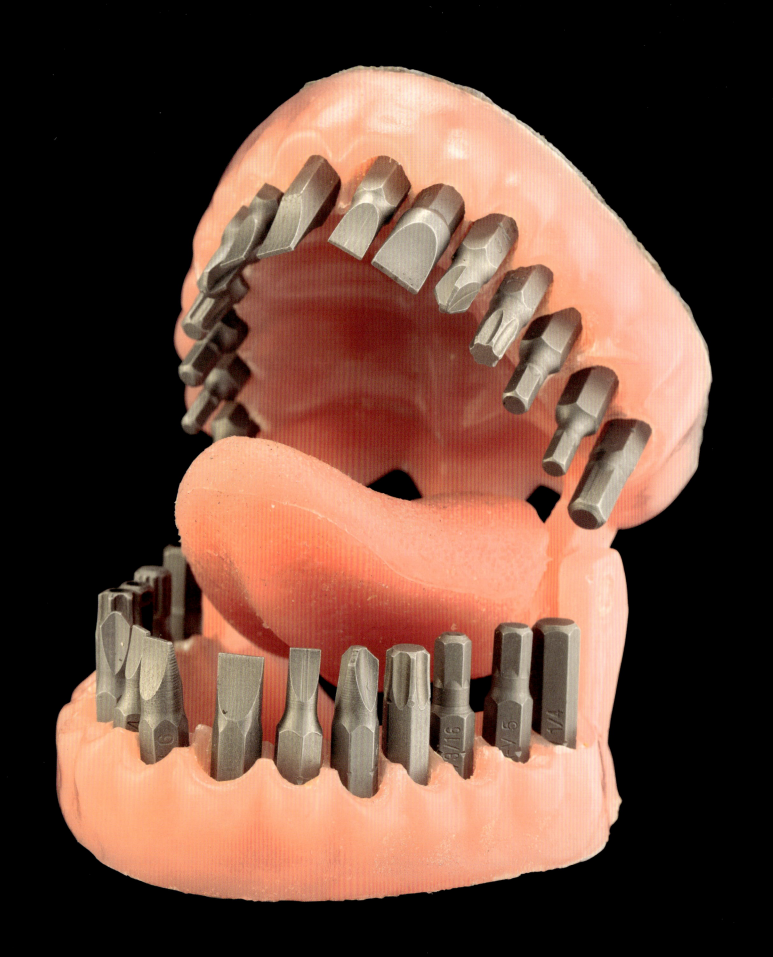

ドライバービット

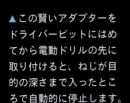

基本的なマイナスドライバーの設計は約500年前に定まりました。何世紀にもわたりこの形が変わらなかったのは、真ん中に溝を1本切ったマイナス頭のねじが一番単純で作りやすかったからです。そしてその同じ何世紀もの間、人々はマイナスドライバーの先が滑って作業面や指に刺さらないように苦闘してきました。

20世紀に入ると、プラス型の溝を持つプラスねじや、ロバートソンの考案になるスクエア穴付きネジが普及しました。その最大の利点は、ねじの中心とドライバーの中心が自然にそろうことです。こうした基本のねじは素晴らしい仕事をしますが、ねじ頭の改良の世界は実に広大です。長年にわたって、何十もの異なるスタイルが発明され、そのいくつかは、特定の業界で人気を獲得しています。

ドライバーのチップ（先端部）は、何らかの柄（ハンドル）や電動工具の先に付いていなければ使い物になりません。しかし、先端の形状が非常に多様なので、一般的には、先端の形が異なるビット〔付け替え用の先端工具〕を柄よりも多数持っておく必要があります。それが、ハンドル1本に交換可能な数十種類のビットを組み合わせたドライバーセットが人気の理由です。このページでは、最も純粋な形のチップを見てみましょう。つまり、たいていの人がすでに持っているであろう主流タイプの柄のどれかに取り付けて使われることを意図したドライバーセットです。

ねじを最後までねじ込むのが億劫（おっくう）な人は、釘を打つという古い技術に戻ればいいでしょう。その際は、次ページで紹介するしゃれたハンマーでスタイリッシュに打ち込みましょう。

▲この賢いアダプターをドライバービットにはめてから電動ドリルの先に取り付けると、ねじが目的の深さまで入ったところで自動的に停止します。

▼背面のダイヤルで、ねじが止まる深さを調節できます。

◀3Dプリンターに存在理由があるとすれば、職人技が光るこのドライバーチップ・ホルダーはその真骨頂です。ぷにぷにした舌は見事のひとこと。前歯、糸切り歯、奥歯に最も似ているドライバーの先はどれだろうと考えさせてくれる点が純粋に楽しいですね。

▼ここ数十年のドライバーチップ界で不動の三大勢力をそろえたカラフルなビットセット。建築用のスクエアドライバー、乾式壁や工業製品用のプラスドライバー、アンティークな品の修理に使うマイナスドライバーです。

▼最近は、床・屋根材や建築骨組みなどでトルクスねじ（六角星形ねじ）が人気で、カラフルなトルクスドライバーセットもあります。

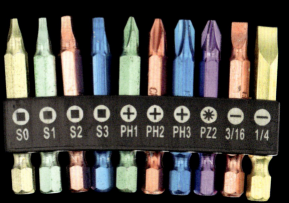

◀乾式壁〔石膏ボードを使用した壁〕のねじ止め用プラスビットはよく摩耗します。ねじが固定された後も回り続けるような"深さ決めアダプター"を付けて使われるからです。そのため、大量に買っておく必要があります。

▲自社製品を分解されたくないメーカーは、一般人が持っていないドライバーを必要とする特殊なねじを使うことがありますが、それらに対応するこのセキュリティー・ビット・セットは、メーカーにとっては頭痛のタネです。

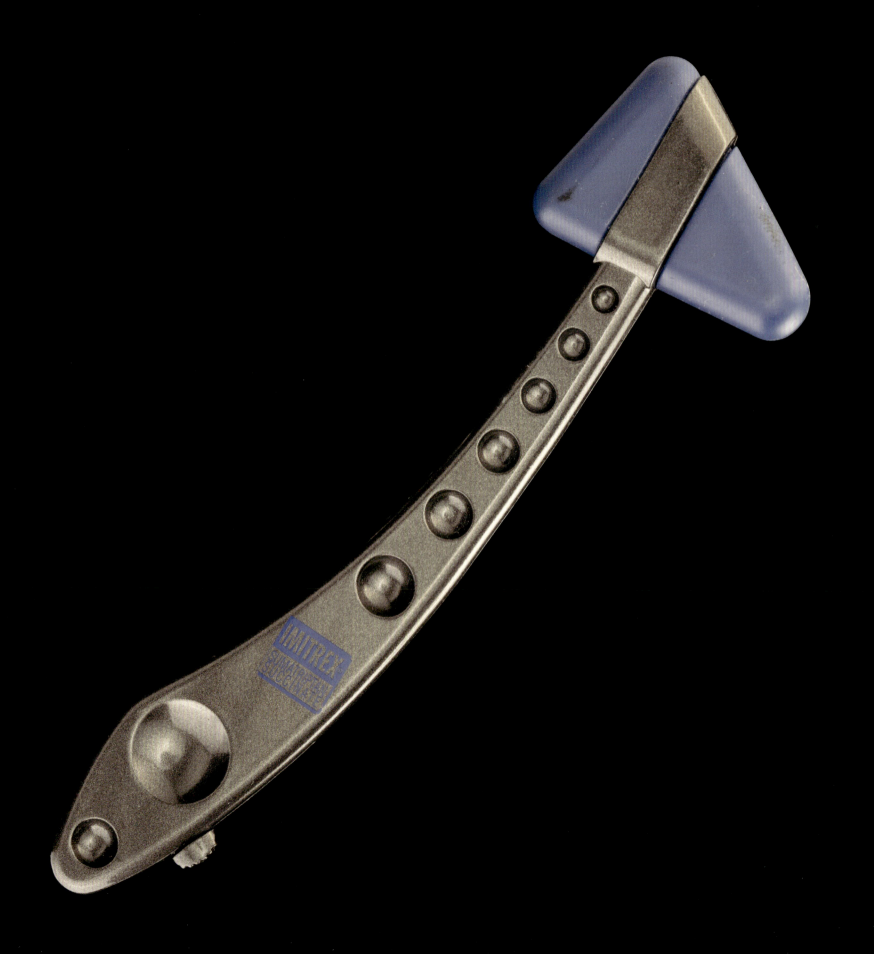

しゃれたハンマー

現代のハンマーは、重量で判断されます。重いものは大きな釘用、軽いものは小さな釘用です。鋼鉄は硬くて密度が高く、ハンマーには理想的な素材です。チタン製ヘッドが付いた非常に高価なハンマーもありますが、これはおそらくハンマー史上最悪のアイディアです。

チタンの密度は鋼鉄の約半分なので、同じ重さのチタン製ヘッドは鋼鉄製ヘッドの約2倍の大きさになってしまいます。そこで、チタンハンマーは軽さを売りにして、鋼鉄よりも速く振ることができるから打撃に大きなエネルギーが与えられ、より効率的である、と宣伝されることが多いのです。

その主張は真実ではありませんが、仮に真実だったとしても、ひどい見当違いです。軽い方が効率的ならヘッドの軽い鋼鉄製ハンマーを作ればいいだけで、実際に製品化されています。しかし、大きな釘には重いハンマーの方が適しているからこそ、人々は重いものを使うのです。

こうした強烈な反論を突き付けられると、チタンヘッドの広報担当の石頭連中はチタンの弾性率を持ち出したりしますが、それも的外れです。なぜなら、チタンはその重さの割には強度がありますが、鋼鉄よりもはるかに硬度が低いからです。実はほとんどのチタンハンマーは、打撃面だけはスチール、つまり鋼鉄製です。たとえ弾性率で何かの違いが生まれるとしても（実際はありません）、鋼鉄製の打撃面はその効果を打ち消してしまいます。

とはいえ、私は柄がチタン製のハンマーには文句を言いませんし、その方が優れていると信じてもいいと思っています。おそらく、振動の吸収がよかったり、総重量の多くをヘッドに集中させたりできるでしょう。しかし、物理学の法則からすれば、木製、グラスファイバー製、鋼鉄製の柄にチタンヘッドを付けたハンマーにはまったく意味がありませんし、私はそんなこだわりに興味はありません。

いずれにせよ、あなたがハンマーを選び、「おまえの選択は間違っている」と言ってくる友人を無視することを学んだら、次のページにある、ハンマーで叩くために特別に設計されたアクセサリが欲しくなるかもしれません。

▶アルミニウムは、チタンより軽量で軟らかいため、一見するとハンマー素材としては無意味に思えます。しかし、ヘッドが大きく、錆びず、安価で、重すぎないことが求められる肉叩きという用途がありました。

◀たいてい、ハンマーで誤って叩くのは自分の手です。しかし、医師がこのゴム製打腱器であなたの膝下を叩いたら、あなたの脚が蹴り出されるはずです。

◀私がこのチタンハンマーを買ったのは、元素コレクションのチタン製品のサンプルとしてです。ハンマーとしては役に立ちません。

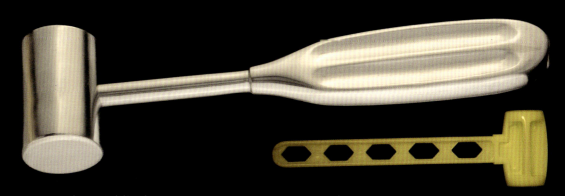

▲ステンレス鋼という素敵な金属でできたハンマー。これは、歯科医が患者の歯に骨ノミやチゼルなどの恐ろしい器具をあてて打ち込むための歯科用ハンマーです。ステンレスなのでオートクレーブ（高圧蒸気滅菌器）で滅菌できます。

▲キャンプ用テントの杭を打ち込むためのハンマーですが、まさに二兎を追っています。ハンマーとしては重い方がいい、キャンプ用としては軽い方がいい、どちらを重視した製品でしょうか？　しかも、夜に光って見える機能も備わっています。

ポンチ、刻印

「ハンマーしか持っていないと、あらゆる問題が釘のように見える」ということわざがあります（逆もまた真なりで、釘が問題の時はあらゆる道具がハンマーのように見えます）。ポンチと刻印は釘ではありませんが、ハンマーで打つように設計され、特定の形の穴やへこみを正確に作るために狙い通りに打撃の力を伝え、集中させることができます。

数字や文字の形をした刻印は、革や軟質金属、はては軟質鋼にまでへこみを作るのに使われます。一方、釘しめは、釘を部材の表面より少し下まで打ち込む道具です（上に塗料を塗って釘を隠します）。

センターポンチは、ドリル穴を開ける正確な位置に小さなくぼみを作る道具です。センターポンチの位置を最も正確に決めるには、千枚通しやスクライバー（93ページ）を使い、穴を開けたい位置で交差する2本の線状の傷をつけます。そして、センターポンチの先をすべらせながら、ポンチを持つ手の感覚で傷の交差する場所を見つけます。目視よりも速くて正確で信頼性が高い方法です。

ドリルで穴を開ける場所になぜくぼみを作るかって？ ドリルビットの先がずれないようにするためです。練習すれば、手持ち式ドリルでも非常に正確に穴を開けられるようになります。

▲英字刻印はハンマーで叩くこともプレスすることもできます。この油圧プレスでは、革ベルトに刻字するかなり大きな英字刻印を使います。

◀硬化鋼製の数字刻印は、どんな素材にも（軟鋼にも）使用できます。1本足りないわけではありません。6と9は同じ型を使います。

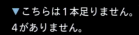

▼こちらは1本足りません。4がありません。

▶釘しめは先端が少しくぼんでいます。釘を材料に打ち込む際に、釘の頭から滑り落ちないための工夫です。

◀穴あけキットには、さまざまなサイズのポンチと1本の柄が入っています。ハンマーで強く叩くことで、革や布、ゴムなどの柔らかい素材にきれいな穴をあけることができます。

▲カミソリのように鋭利なポンチ。木材に使ったらたちまち刃が鈍りますが、皮膚にあててほくろを取ったり、耳に大きな穴をあけたりするためのものなので大丈夫です。

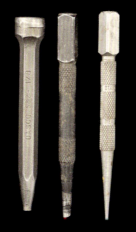

▶ジュエリーメーカーの展示会で目に留まった、ゴージャスなダッピングセット。これだけ豪華な工具セットは自分では使わなくても欲しくなります。ブロックの半球状のくぼみにジュエリーの素材の平らな金属薄板を置き、球体ヘッドのポンチをそれに当ててハンマーで叩き、望みの曲面に加工します。ブロックには24のへこみがあり、ポンチも24本あります。

◀光学式センターポンチ。穴をあける場所を正確に見極めるため、十字線付きの透明な拡大レンズが付いています。位置が決まったら、胴部を抑えたままレンズを外し、先の尖ったセンターポンチを挿入します。

▲このスプリング式センターポンチはハンマーが要りません。柄の部分を強く引っぱるとバネに圧力がかかり、パチンと元に戻ろうとする力で先端が素材に突き刺さります。

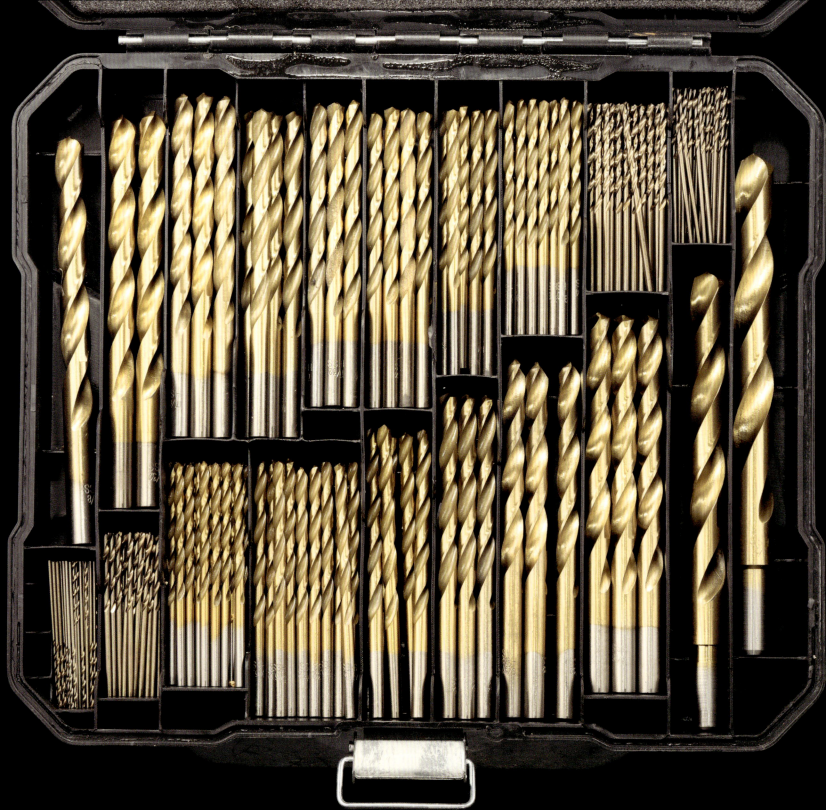

ツイストドリル

　ツイストドリルビットは螺旋状の溝を持つ設計になっており、穴をあけながら削りくずを外へ送り出すことができます。溝の形、ピッチ、数、およびドリル先端部の形状と鋭さは、何に穴をあけるかによって違います。このページだけでなくもっと後の方でも、多種多様なドリルビットをご紹介します。

　穴の直径ごとに異なるドリルが必要なため、ドリルビットはほとんどの場合1ダース〜115本（インペリアルセットの本数）のセットで売られています。ドリルビットがそろったセットを持っていると大きな満足感がありますが、所有は危険と隣り合わせです。いずれどれかが壊れたり失くなったりする――という、振り払うことのできない不安がつきまとうのです。

　使い終わったらすぐに片付けよう、とあなたは心に誓います。今度こそきっと大丈夫！　でも決してそうはなりません。ある年齢に達すると、あなたは気付きます。ドリルセットの若々しい輝きと完璧さは、あなた自身の若さと同様、永遠に続きはしないのだと。初めて手に入れたフルセットのドリルビットがくれた純粋で儚い喜びにまさるものはありません。

　だから、青春は若いうちに楽しみなさい。強健なうちに走り、恐れを知らぬうちに愛しなさい。私の忠告など無視して、高価なブランド品のドリルビット115点セットを買い、一番細いドリルビットまですべてが、いつも自分のために存在していると心の中で信じなさい。年を取って皮肉屋になるまで時間はいくらでもあります。少なくとも、思い出は残るのですから。

　さて、次のページの工具はあなたの心の穴をふさぎはしませんが、ドリルビットで開けた穴をふさぐ手助けはしてくれます。

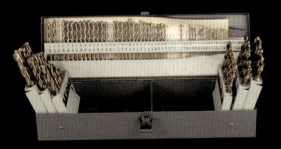

◀このセットを見たとき、私は喜びで気絶しそうでした。まるで無尽蔵の鉱脈を見つけたように。「全サイズが1本ずつ」ではなく、「最もよく使うサイズだけが複数本」入っています。8分の1インチビットを1本使って失くしても、セットはそろったまま。信頼でき、長く付き合えるドリルビット・コレクションです。

▲標準的コンプリートセットの115種類は、16分の1インチ〜2分の1インチの29サイズと、A〜Zの記号を振った26サイズ、さらに1〜60のワイヤーゲージサイズで構成されます。大半は一度も使われずに終わります。抜けているビットを見れば、私が相当な期間このセットを所有していることがわかるでしょう。

▲ブラッドポイント・ドリルは木材専用です。鋭利な先端とナイフのようなエッジは、金属相手では瞬時に折れ曲がります。

▼ドリルビットの最も一般的な長さはスタンダードドリルと呼ばれ、直径ごとに異なりますが、標準化されています。このページの普通のドリルセットはどれもその長さです。しかし、このスクリューマシンビットはそれよりも短く、そのぶん剛性が高く中心がずれにくくなります（スクリュー〔ねじ〕という名前ですが、ねじとは無関係で、ただ短いだけです）。

▼長いドリルビットは、壁の内側など工具が届きにくい場所の穴あけに使います。この長さに近い深さの穴をあけるために使うことはまずありません。

▲最も短いドリルビットはスポットドリルと呼ばれます。ドリルで大きな穴をあけたい場所に正確な下穴をあけるのが仕事です。短いので剛性が高く、中心からずれることもまずありません。

◀非常に短く面取り部（肩のような部分）があるセンタードリル。旋盤のレースセンターを合わせる中心穴の切削が主な役目です。スポットドリルとしても使えます。

◀直径$2^{23}/_{32}$インチ（69mm）の本当に大きなドリル。こうしたドリルを、特にオイルが付いている時に持つのは要注意です。手を滑らせたら最後、ひどい切り傷を負います。

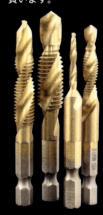

▲ドリルとタップ（ねじ切り）を組み合わせた賢いビット。1回でねじ穴を作れます。

▲骨用のドリル。とても長く、骨折した脚の長管骨の中心部に全長の半分以上まで穴をあけることができます。そこにチタン製のロッドを挿入して治療します。ある読者がまさにその手術中の自分の脚の写真を送ってくれましたが、掲載はやめておきます。

21

偶数角のレンチ

　レンチの形は、ドライバーの先端ほど種類が多くはありません。ほとんどは正多角形で、頂点の数が1、2、3、4、5、6、7、8と異なるだけです。このページでは偶数の頂点を持つレンチを扱い、次のページで奇数の頂点のレンチを取り上げます。

　かつては、四角ナットが人気でした。作りやすいからです。配管の接続部品の多くは八角のナットやリングが使われており、これは、辺が多ければ多いほど、円形の中心穴と外側の辺の間の材料の無駄が少ないからです。とはいえ、圧倒的に多いのは六角レンチで、おそらくレンチ全体の99.9パーセントを占めていると思われます。

　モンキーレンチ（可動スパナ）なら各種のナットに使えますが、それでも1枚の金属板でできた六角レンチは今も基本であり、どんな工具箱にも最低1セットは入れておくべきです。モンキーレンチとは違って、六角レンチは狭いスペースに収まります。あごを広げたり狭めたりするジョイントがないため強度が高く、そのうえ、調節不要なぶん精度が高く、素早く使えます。正しいサイズのレンチを手にすれば、作業がスイスイ進みます。

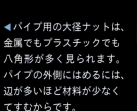

◀めがねレンチは縁を細くすることが可能です。この六角めがねレンチはその極端な例です。

▼オープンエンドレンチには、比較的太い縁が必要です。この六角マルチレンチは「戦略的レンチ」と称していますが、どういう意味で名付けたのかまったく不明です。

◀このアルトマンレンチ（左）は、劇場用照明器具の多様なボルトに合う穴を備えています。十字形の部分は、手で回すハンドル（しばしば固くて回らない）用です。

◀大きめで、いささか変わったレンチ（中）。

◀MGB／ミジェット／トライアンフのワイヤーホイール用に設計された八角レンチ（右）。

▶緊急時ガス遮断用レンチ。ガスバルブの平たいツマミにはめて使います。長方形レンチとでも言えるでしょう。

▼かつてのナットやバルブヘッドは四角形が一般的でした。オープンエンドレンチやモンキーレンチでも簡単に回せますが、専用の四角レンチならより大きなトルクが得られます。

◀パイプ用の大径ナットは、金属でもプラスチックでも八角形が多く見られます。パイプの外側にはめるには、辺が多いほど材料が少なくてすむからです。

▲米国車以外の車は、ラグナットではなく大型の八角ナットでホイールを固定していることがあります。このナットは250～300フィートポンドという相当なトルクが必要です。

▲よくある水栓プラグの正方形ヘッド。

▲ドレンプラグ（排水栓）は、床面からでっぱらないように、正方形がくぼみになっています。

▲厳密に言えば、この四角いドレンプラグ・レンチはドライバーです（プラグを外からつかむのではなく、差し込んで回すため）。しかし、あまりに大型なので「名誉レンチ」に認定しました。

▲この八角形のバルブヘッドは、最も万能なレンチといえる、人の手に合わせて設計されています。

奇数角のレンチ

　一般則として、ボルトの頭の角が奇数だと、特別な工具なしで回すのは困難です。消火栓が良い例で、米国では五角ヘッドが最も一般的で、珍しい例として三角や七角もあります。その結果生まれたのが、標準的な製品とは違って楽しい消火栓用レンチや、公共の場所にあるもっと小さな水栓を開けるのに必要な奇数角のレンチです。奇数角は、盗まれると困るものの固定にも使われます。盗難防止用ラグナットはその代表です。

　さらに角が多くなると、どうなるでしょう？九角や十二角のスプラインドライブヘッドはありますが、むしろ歯車に近く、直線の辺を持つナットではありません。私は、まっすぐな辺が9本以上あるレンチを見たことがありません。しかし、辺の数が無限大（つまり滑らかな円）までいくと、そのためのレンチがあります。それは次のページまでお待ち下さい。

▶ 米国の消火栓のヘッドは多くの都市で共通です。それを開けるためのレンチがこれです。

▼ トヨタは、神のみぞ知る理由で、一部の車種のスペアタイヤを取り出す機構に五角ヘッドのボルトを使うと決めました。私が初めてそれを知ったのは、悪路を走ってタイヤがパンクし、五角レンチを持っていなかった時でした。

◀ 七角の消火栓レンチがあると言われていますが、今のところ私が見つけたのは三角と五角だけです。八角の穴は一般的な継手用で、ペグ穴はホースリング用です。

▲ 辺が1本しかないレンチは論理的にありえないと思うかもしれませんが、そうとしか言いようのないものもあります。このフックレンチはその一例で、菊ナットと呼ばれるベアリング用緩めナットなどに使われます。

▼ 英語でチェーンホイップ（鎖鞭）と呼ばれる工具〔日本ではチェーンレンチ〕。自転車のギア交換の際に、ギアに巻き付けて使います。

▶ これはレンチではなく乗馬用のチェーン鞭です。

▲ 三角ボルトと同様に五角ボルトも特別なレンチを使わないと緩められないため、セキュリティー目的で使用されます。

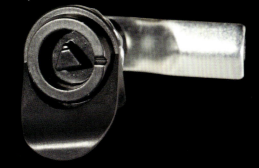

▼ 三角レンチで開けるキャビネットロック。鍵にはかないませんが、四角や六角のヘッドよりは安全です。へこんだ中にヘッドがあるので、バイスプライヤーではあけられません。

▲ 公共の場所にある水道の蛇口には三角ヘッドや四角ヘッドが見られ、私の古い作業場の外壁の水栓もそうです。だから私はこのレンチを持っています。

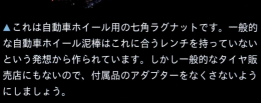

▲ これは自動車ホイール用の七角ラグナットです。一般的な自動車ホイール泥棒はこれに合うレンチを持っていないという発想から作られています。しかし一般的なタイヤ販売店にもないので、付属品のアダプターをなくさないようにしましょう。

25

パイプレンチ

　パイプレンチは厄介な獣です。あてがうものすべてに、故意に傷をつけます。なぜなら、丸パイプにはレンチがグリップするための平らな部分やスプライン〔溝加工〕がないからです。どんな大きさの力をかける場合でも、パイプレンチは歯が金属に食い込んだ傷を残します。

　パイプレンチで肝心なのは、前後に傾くように設計された調節可能なあごです。柄から離れる方向に傾くと、開口部の先がわずかに広くなります。柄の側に向かって傾くと、開口部の先はわずかに狭まります。パイプレンチを使う時は、開口部の方が広くなるようにあごを傾けた状態でパイプにかませ、それからハンドルを回しはじめると、あごが引き寄せられてきつく締まります。強く回せば回すほど、あごは強くグリップします。

　レンチを逆方向に回すと、こんどはあごがハンドルから離れる方向に傾いて、緩まります。つまり、パイプレンチは自動ラチェットのような動きをするということです。あごをいちいち調整しなくても、レンチを前後に動かすたびに少しずつパイプを回転させることができるのです。パイプを逆向きに回したい場合は、レンチをひっくり返してパイプに逆向きにあてる必要があります。

　パイプに傷をつけたくない時や、パイプがデリケートで肉厚が薄い時は、別の選択肢としてストラップレンチ、チェーンレンチ、コレットチャックレンチがあります。パイプの全周をグリップしますが、滑らずに強く回すことはできません。配管作業でパイプレンチを避けたければ、はんだ付けという手があります。

▲チェーンレンチは大口径の鉄パイプやプラスチックパイプによく使われます。普通のパイプレンチと同様、自動で締め付けます。写真はインド製の珍しい品です。

▼このオイルフィルターレンチは、スチールベルトを締め付けて使用します。

◀漫画のキャラクターのように面白い、首の角度を変えられるパイプレンチ。どのキャラかははっきりしませんが、ティム・バートンの映画に出ていたのかも？

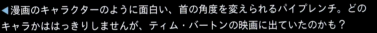

▲6インチ（150mm）

▲18インチ（450mm）

▼柄がアルミ製で軽量のこのレンチは、パイプを強くはさんで回そうとした結果、柄が曲がってしまっています。人力だけではこうはならないので、誰かが柄の先にパイプをはめて長くし、規定トルク以上の力で使おうとしたのでしょう。

▶古いパイプレンチは、骨董品店の工具コーナーで最もよく見かける品のひとつです。捨てるには愛らしすぎますし、自然に壊れることもありません。

▲8インチ（200mm）

▼24インチ（600mm）

▲10インチ（250mm）

▼36インチ（900mm）

▲変わった形の古いパイプレンチは、持っているだけで嬉しくなる道具のひとつです。

▲12インチ（300mm）

▼48インチ（1.2m）のオールステンレス・パイプレンチ。重量を考えずに作られたようです。

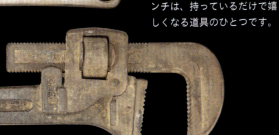

27

はんだ付け用具

はんだ付けとろう付けは、特定の金属を一種の接着剤として使い、それよりも融点の高い別の種類の金属片を接合させる技法です。一番の代表例は、スズと鉛の合金のはんだを使って銅線をつなぐことです。はんだごての高温の先端を銅線の接合部に当て、十分に熱した後にはんだを供給し、融けたはんだで固定します。銅ははんだよりもはるかに融点が高いので、熱せられたきれいな銅の表面に融けたはんだが触れると、はんだが融けて銅の表面を「濡らし」、冷えると固まって銅にくっつき、強い機械的・電気的接続を形成するのです。

銅製の水道管の接合にもよくはんだ付けが使われます。水道管接合での鉛の使用は多くの国で禁止されているため、代わりにスズ、銀、ビスマス、銅、アンチモンなどを混ぜたはんだが使われます。パイプのはんだ付けには丁寧な準備が必要です。パイプや継手がきれいな状態でないと、継ぎ目がうまく仕上がらずに水漏れを起こし、全体を分解して乾燥させて、最初からやり直さなければいけなくなります。正しく作業を行い、はんだが瞬時に接合部に流れ込み、全方向からにじみ出てくる様子は、見ていて非常に満足を感じられます。

ろう付けははんだ付けと同じ原理ですが、より高い温度帯で行われます。鋼鉄の部品を青銅(銅・スズ合金)でろう付けするのはその一例です。ろう付けのろうは、スズと鉛のはんだよりもずっと融点が高いのですが、鋼鉄の融点はさらに高いので、融かして接合に使えます。

ろう付けを超えた先にあるのが、溶接です。溶接は接合する部材の金属自体を融かせるほどの高温にします。一方、熱を全く使わずに金属を固定したければ、「ねじ止め」という方法があります。

▶配管用トーチ。写真のものよりずっと地味なトーチでさえ、炎がパイプに直接あたるため、はんだごてよりもはるかに多くの熱を供給します。

◀1950年代にプロパントーチが登場するまで、配管用トーチは液体燃料式でした。先端部の下にある小さなトレーで燃料を燃やし、先端を予熱する必要がありました。だから、私はこのタイプのトーチを複数持っていますが、一度も着火したことがありません。

▼このミニトーチもそうですが、まじりっけのない酸素を少し足すだけで炎の温度が一気に上がります。

◀コードレスはんだ付け法のうち最も不便な形の代表、アンティークなはんだごて。炉で熱した後、少しはんだ付けをしたら、また火の中に戻さなければなりません。

◀子供の頃いろいろなものをはんだ付けしましたが、さすがにこれは使ったことがありません。このはんだごては、私より20歳くらい年上です。

▼私のはんだ作業用ステーションには、はんだごてとミニ・ヒートガンがそろっています。後者は、狭い範囲に熱風を吹き付けてはんだを溶かします(表面実装に適しています)。

▲ガス式はんだごては、あまり繊細でないはんだ付けに向いています。

▶以前は、極端なコードレスはんだ付け手法として、テルミット式はんだごてが入手可能でした。カートリッジに酸化鉄粉(錆)、アルミニウム粉、調節剤の混合物が入っていて、点火すると非常に高温で燃焼します。

▲ホットメルトグルーガンは、木や厚紙用のはんだごてのようなものです。はんだごてが金属用のグルーガンだとも言えます。

ドライバー（ねじ回し）

　何世代も、いや何世紀もの間、ねじ回しは平らな刃を持つ金属棒に木製の柄がついただけのものでした。今では、マルチヘッド・ドライバー、電動ドライバー、コードレス電動ペンシルドライバーなど、数え切れないほどの種類があります。それでも、手で回す基本的な単機能のねじ回しは、駆逐されることなく健在です。

　理由のひとつは、狭くて奥行きのある穴の底にあるねじを回すには、基本の手回しドライバーに勝るものがないからです。家電製品やおもちゃなど、しょっちゅう壊れて分解する必要がある身近な品のプラスチックケースでよく見られるのが、その種のねじなのです。

　シンプルなねじ回しは、シンプルなノミと同様に、美しく作られ、手になじんで安心感を与えてくれます（そうでないこともありますが）。いずれにせよ、最も役に立つ工具のひとつです。

◀私は、長さ1インチ（25mm）から2フィート（670mm）以上まで、いろいろな長さのねじ回しを持っています。極端に短いものはしっかりつかめるように比較的柄が太く、本当に長いものの中には、ドライバーかプライバー（こじり棒）かわからないものもあります。

◀▶木は、ねじ回しの柄として魅力的な素材です。ただ、実用性はいまひとつです。プラスチックほど強くありませんし、高級家具のように手入れをしないと長持ちしません。

◀アーウィン社のこのねじ回しは、柄の大部分が鋼鉄の軸で構成されているため、非常に強靭です。

▶私が知る限り最も薄く平らなオフセット（L型）ドライバー。

▼ヒートン（丸環ねじ）や洋灯吊り（天井や壁から植木鉢やソーセージを吊る時に使う金具）をねじ込むための専用ドライバー。

◀酢酸セルロースはプラスチックの一種で、なぜかたいてい黄色く色づけされていますが、ねじ回しの柄にうってつけの素材です。ハンマーで何十年も叩いても壊れないので、ノミの柄にも使われています。

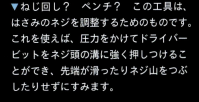

▼ねじ回し？ ペンチ？ この工具は、はさみのネジを調整するためのものです。これを使えば、圧力をかけてドライバービットをネジ頭の溝に強く押しつけることができ、先端が滑ったりネジ山をつぶしたりせずにすみます。

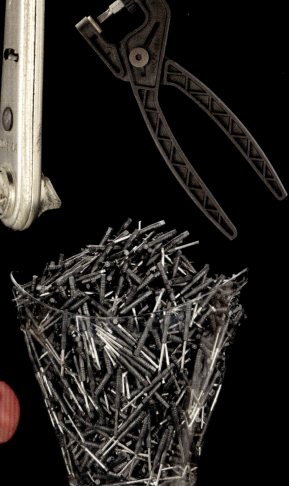

▲私は多数の工具を持っていますが、一番のお笑いぐさがこれです。ある時、自分が販売している透明アクリル模型キットに同梱する新しいドライバーを急いで仕入れようとして、間違ってプラスではなくマイナスドライバーを注文してしまったのです。3000本もあります（返品・交換には製品価格以上のお金がかかります）。

31

マレット

マレットを他の打撃系工具と区別する明確な定義はありません。ハンマー、マレット、スレッジ、モールという言葉は、多くの場合、大きさ、形、そして会話の相手によって使い分けられます。

たいていのマレットは、打撃面が広くて平らです。これは、硬い鋼鉄ハンマーが力を狭い範囲に鋭く集中させるのとは違って、より広い範囲に「優しく」力を加えるためです。多くのマレットは叩く相手よりも軟らかい素材でヘッドが作られていて、真鍮からプラスチックやゴムまで幅広い種類がありますが、最も一般的なのは木のヘッドです。

ヘッドの硬さとは別に、叩いた時にヘッドがどれだけ早く静止するかも重要なポイントです。ヘッドが硬いマレットは、ヘッドの素材が何であろうと、必然的に打撃の際に早く静止します。もう少し時間をかけて（たとえば1000分の1秒ではなく10分の1秒かけて）エネルギーを伝えたい場合は、無反動ハンマー（デッドブロー・マレット）が適しています。ヘッドが中空で、そこに半分埋まるくらいの量の鋼鉄や鉛のショット（小さな粒）が入っており、マレットを振り上げるとショットがばらけます。ヘッドが標的に当たると、ショットが内側から打撃面に衝突しますが、全部が一度にぶつかるのではなく若干の時間差があって、打撃音は鈍く、反動が小さくなります。これは部品を所定の位置に止めるのに適しています。その後は、次のページの道具のどれかを使って、部品を固定しましょう。

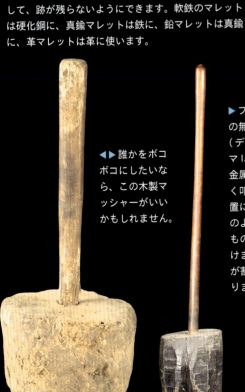

◀硬さの順に並べた4本のマレット。鋼鉄ヘッドのハンマーで叩くと傷がついてしまう軟らかい素材に使用して、跡が残らないようにできます。軟鉄のマレットは硬化鋼に、真鍮マレットは鉄に、鉛マレットは真鍮に、革マレットは革に使います。

◀▶誰かをボコボコにしたいなら、この木製マッシャーがいいかもしれません。

▶プラスチック製の無反動ハンマー（デッドブロー・マレット）。木や金属の部品を優しく叩いて所定の位置にとめます。釘のようなとがったものに使ってはいけません。ヘッドが割れることがあります。

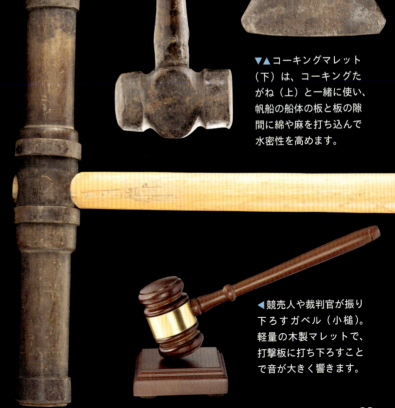

◀スレッジハンマー（大ハンマー）と同じ形で、ただ小さいだけのマレットもあります。

▼▲コーキングマレット（下）は、コーキングたがね（上）と一緒に使い、帆船の船体の板と板の隙間に綿や麻を打ち込んで水密性を高めます。

◀競売人や裁判官が振り下ろすガベル（小槌）。軽量の木製マレットで、打撃板に打ち下ろすことで音が大きく響きます。

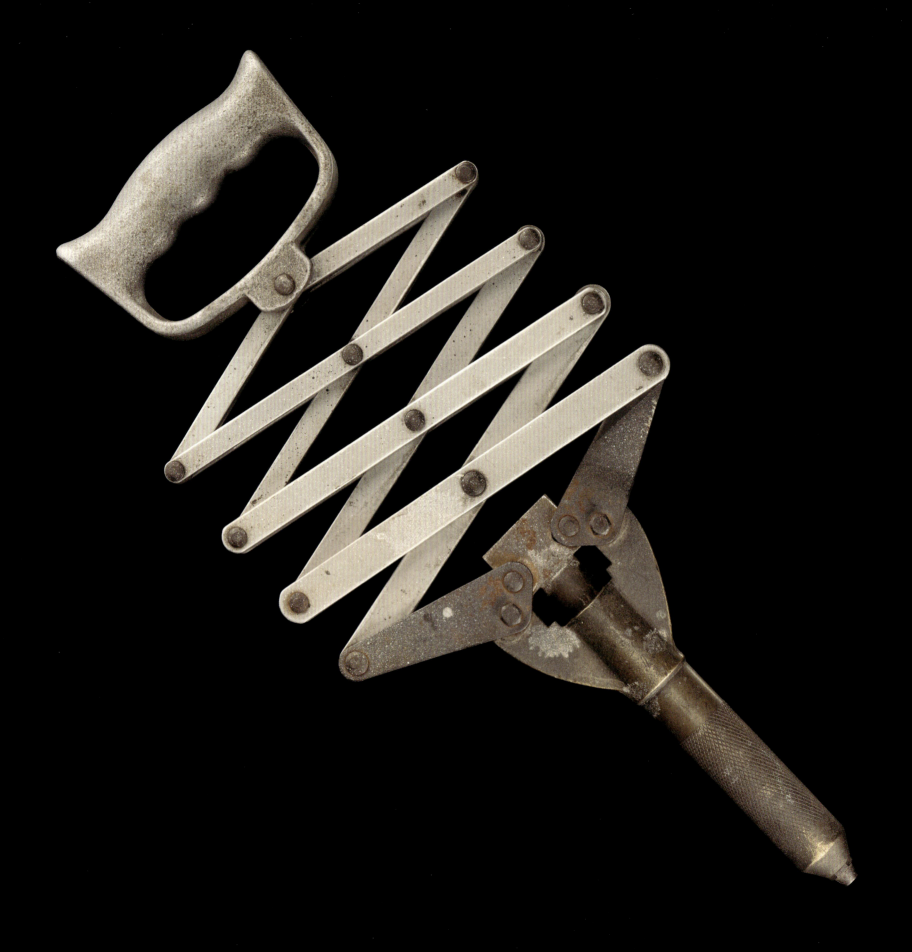

リベット工具（カシメ工具）

ポップリベットの人気は、この数十年ですっかり冷めたようです。まだ売られてはいますが、昔ならポップリベットを使ったような用途のほとんどで、今は金属板用のねじが優勢な気がします。私の推測ですが、ポップリベットの時代に終焉をもたらしたのは、安価でパワフルなコードレス電動ドリル／ドライバーの出現と、セルフドリルねじ、セルフタッピングねじの発明ではないでしょうか。

ポップリベットは、ハンマーで叩くホットリベット（122〜123ページ参照）とは違います。叩くのではなく、引っ張る工具を使い、加熱なしで締結します。ポップリベットの締結工程（左下写真）を見て下さい。下に出ている長い軸を強く引くと、上の先端部がその下の胴部をつぶしながら下がり、つぶれた胴部と部材下（写真では見えません）のフランジで材料を挟んで締めます。軸は最後にちぎれて取れ、捨てられます。ボルト＆ナットと比べての利点は、材料の片側だけから作業ができることですが、それはネジでも同じです。

左ページのマジックハンド式リベット工具は、その賢さとエレガントさで、私のお気に入りのひとつです。実は一度も使ったことがないのですが、それでも、次ページの工具とはえらい違いです。

▲一般的なポップリベット工具はスクイーズ（握り）式です。ほとんどの人は左ページのマジックハンド式の楽しさを味わう機会がありません。

◀大いなる反逆者、マジックハンド式ポップリベット工具。伸縮アームを利用して、手で約2フィート（60cm）引く動きを、リベット軸を反対方向へ1インチ（2cm）弱ほど引っぱる動きに巧みに変換し、手の力を約30倍に（ストロークの終わり近くではさらに大きな力に）増幅します。リベットを引く部分に近づくほどアームの幅が広くなっていることに注目して下さい。てこ比を生み出すのはマジックハンド全体ですが、端（つまり動きに抵抗する部分）に力が蓄積されます。

▲ポップリベットの締結プロセス。左端が最初にリベットを下から挿入したところ（上のワッシャーはなくてもよい）。長いシャフトをポップリベット工具で下に引くと、丸い頭部が引き下げられて胴部を押し広げ潰しながら沈みます。頭部が完全に下りたら軸がちぎれて取れ、リベットが2枚の金属板を固定した状態になります。

▶工具で材料の両面をはさめる場合は、リベットやハトメを広げながら平らに潰すこのようなプレスで、リベットの取り付けができます。

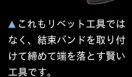

◀厳密にはリベット工具ではありませんが、タグガンは服などの商品にあのいまいましい細いプラスチックコードで値札などを付けるための工具です。

▲これもリベット工具ではなく、結束バンドを取り付けて締めて端を落とす賢い工具です。

▶これまた正確にはリベット工具ではありません。この一風変わったプラスチック締結工具は、先端の波状金属線を電気で高温にし、それをひび割れたプラスチックの表面にあてて融かすことで隙間を埋めて接合します。

フォスナービット（座ぐりドリル）

ドリルによる木材の穴あけには、金属の穴あけと根本的に異なる点がふたつあります。ひとつは、木材が金属よりもずっと軟らかいことです。最も硬い硬材でも、一般的な金属のうち最も軟らかい鉛、アルミニウム、銅の硬度に遠く及びません。ですから、木材には金属よりもはるかに大きな穴を、より少ない労力であけることができます。

もうひとつは、木材に木目があることです。並行して並ぶ何千本もの強い糸が、比較的弱い接着剤で貼りつけられている、と考えるとわかりやすいでしょう。これが木材特有の問題を生じさせます。たとえば、木目を横切って切断や穴あけをしようとすると、糸が引き出されて切り口が凹凸になったり、穴の周囲の表面がささくれたりするのです。特に、刃の鈍い工具や木材の切断に適さない工具を使うとそうなります。

これを防ぐ方法は、切り口から木を取り除く前に、ナイフの刃並みに鋭い刃で木目を切り削ることです。だからこそ、ほとんどの木工用穴あけビットは、ビットの外周部にナイフエッジがあり、穴の中から切りくずを外に出すためのすくい刃よりも先に木に届くようになっています。その最も純粋な例がフォスナービット（座ぐりドリル）と呼ばれる工具で、私も長年愛用しています。

フォスナービットは、木目を貫通し、さらには小口にさえ、どんな角度でも穴をあけることができます。刃先が動くたびに多くの木目を切らなければならないという非常に難度の高い作業ですが、このビットなら、板に斜めに入る難しい穴もあけられます（ボール盤にしっかり固定されている場合に限ります）。

木目への対処方法は次のページでもいくつか紹介しますが、フォスナービットはこのページで単独で紹介するに値するすぐれものなのです。

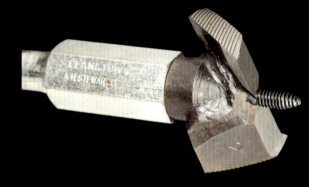

▶フォスナービットのバリエーションのひとつ。中心軸の先端にねじ山が切ってあり、ビットを木材にねじ込むことができます。あなたの身体またはドリルが、ねじがもぐる速度についていけるだけの強靭さを持っている場合に限り、手持ち工具として使用可能です。

◀私は自分のフォスナービット・セットが大好きです。高価ですがその価値はあります。これはその中の1点で、木製の元素周期表テーブルを作った際にクルミ材のブロックに穴を穿つために使いました。

▲フォスナーとルーターで加工した150個のクルミ材ブロック。組み上げて周期表テーブルにしました。

◀フォスナービットを使うと、削られた木はすべて、カールした大きな削りくずになります。たくさんたまると壮観です。

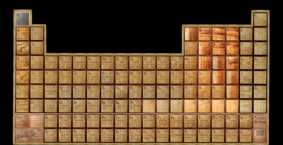

▼周期表テーブル。各マスのふたの下、フォスナービットであけた穴に、元素関連品が入っています。

▲胴部3本と、それにねじ込むさまざまな交換用ヘッドが含まれた、交換可能フォスナービット・セットの1本。ヘッドが胴部に固定されたビットを全種類そろえるのを避けるためにしては、出費とトラブルが多すぎる気がします。

▲このフォスナービットは手持ち電動ドリルに付けても使えそうに見えますし、実際使えるかもしれませんが、要注意です。外側の刃が木に触れた途端に跳びはねて走り回ります。ボール盤を使いましょう。

ホールソー

　フォスナービットに似た工具のなかに、穴の内側をすべて切りきざむのではなく、外周だけをリング状に切断して穴を開ける、興味深いタイプがあります。ホールソー、プラグカッター、テノンカッターがその代表です。ホールソーはノコギリの刃を円形に巻いたものです。直径の大きい穴を開けるには最適の工具で、中心から円周まで全部を削るよりもはるかに少ない労力で済みます。

　プラグカッターとテノンカッターの使用目的は、穴を開けることではありません。穴は副産物で、大事なのは穴から出てくる中身の部分です。プラグカッターは、木から円柱状の栓（穴を埋めたりねじを隠したりするために使う）を作ります。テノンカッターは、棒状の木材の端に円柱状のほぞを作ることができます（ほぞをほぞ穴に差し込んで木材を組みます）。ほぞとほぞ穴による連結は高級家具製作や納屋建築でよく見られます。もっとも、木の連結には次ページの工具を必要とする留め具もよく使われます。

◀ 木材や乾式壁用のホールソーセットは、入れ子状にコンパクトに収納できます。セットの刃に共通して使えるアーバーとパイロットドリル付きです。

▼ プラグカッターは、端材を穿って滑らかな円筒形の木栓を作るために使います。その栓で別の場所の穴をふさぐのです。左のビットを使うとまっすぐな栓、右のビットを使うとテーパードプラグ（やや先細りの栓）が作れて、ハンマーで叩いてしっかりはめこむことができます。

▶ テノンカッターは中空ドリルの一種で、木の棒材の端に円柱を削り出したうえで、その付け根の周囲を平坦で滑らかな状態に整えます。角材の端に円柱状のほぞができ、別材のほぞ穴にぴったりはめることができます。

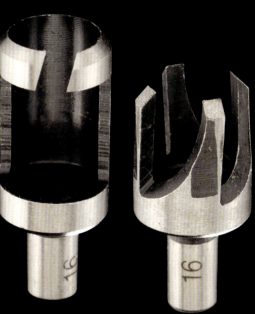

◆ 骨用のプラグカッター。移植用の骨プラグを作るために使われます。

▲ パイナップル用プラグカッター（芯抜き器）。

▲ 種類の違う木材の栓を使った、おしゃれな象嵌デザイン。

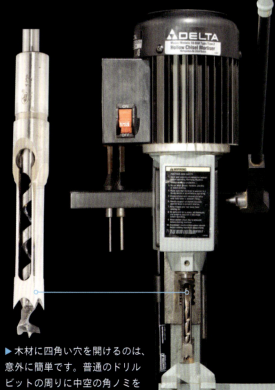

▶ 木材に四角い穴を開けるのは、意外に簡単です。普通のドリルビットの周りに中空の角ノミを付け（ノミは回転しません）、強くノミを押し下げることができる機械にドリルと角ノミのセットを装着するだけです。

モンキーレンチ（クレセントレンチ）

　このタイプは北米ではクレセントレンチと呼ばれます。クレセント社が米国での特許を取って売り出し、人気が出て社名が一般名詞化したからです。機能には限りがあるものの、もし文明の維持に不可欠な道具のリストを作るとすれば、ハンマー、バイスプライヤー、缶切りなどと並んで、このレンチも入ることでしょう。

　モンキーレンチの一番の問題点は、使っているうちに勝手に緩んでしまうことです。あごをボルトから外してはめなおすたびに調整ねじがほんの少し緩み、やがてあごが滑ってボルトからすっぽ抜け、レンチを握るあなたの手はなぜか必ず鋭利な角にぶつかります。だから私は毎回ねじを締めなおします。作業速度は落ちますが、手の皮がずるむけにならずに済みます。

　1本の工具で異なるサイズのボルトを扱えることの利便性は明白で、ねじの緩みが問題なのも明らかですから、そこを"改良"したモンキーレンチを作る試みはこれまでに山ほど行われ、他より成功したものもいくつかありました。

　最もよくある工夫は、一種のラチェット機構を導入し、パイプレンチのように、レンチを逆方向に回すとあごが自動的に開き、次にレンチを回しはじめる位置まで滑らかに移行できる、というものです。しかし、この方式のレンチはうまく機能したためしがありません。もうひとつの工夫は、調整ねじにリリース（解除）機能を付け、あごを素早く調整できるようにすることでした。このようなレンチは値段の高さとヘッドの大きさに見合うほどの効果はありませんが、そこそこうまくは機能します──次のページのレンチの一部とは違って。

▶この形状は普通はモンキーレンチと呼ばないものの、基本的に同じ設計です。締める力は強くありませんが、問題ありません。配管の付属部品の大きなスリップナットを回すための工具なので、さほどトルクを必要としないのです。

▶このレンチのあごは、レンチを回転させるたびに少しずつ締まり、リリースボタンを押すまでその幅でロックされます。でも、全体が大きすぎて、ヘッドが入らない場所も多くあります。

◀標準的なクレセントレンチ（モンキーレンチ）は何十年もの間ほとんど変化しておらず、メーカーが違っても見た目はほぼ同じです。なお、クレセント社はもはやクレセントレンチを米国内で生産しておらず、今は中国製のレンチを自社のブランド名で販売しています。

▲ラチェット機構をそなえた関節付きモンキーレンチ。まったく馬鹿げた設計とは言いませんが、ハンドル角度を変えるとてこ比がかなり落ちます。

▲この設計は、レンチを逆回転させると調整ねじ全体がスライドし、自動ラチェットとして働きますが、それはボルトがすでにかなり締まっている場合に限られます（そうでないと、単にボルトがレンチと一緒に逆回転するだけです）。

◀やけっぱちの新機軸。この電動モンキーレンチは、小型バッテリーとモーターが調整ねじを回してくれます。電動化するほどのことでしょうか？

▶人々がレンチをハンマーとして使うという事実を受け入れて、ハンマーの打撃面を付加した「マイナーズレンチ（鉱夫のレンチ）」。さらに便利にすべく、柄の根元にはラチェットドライブもあります。

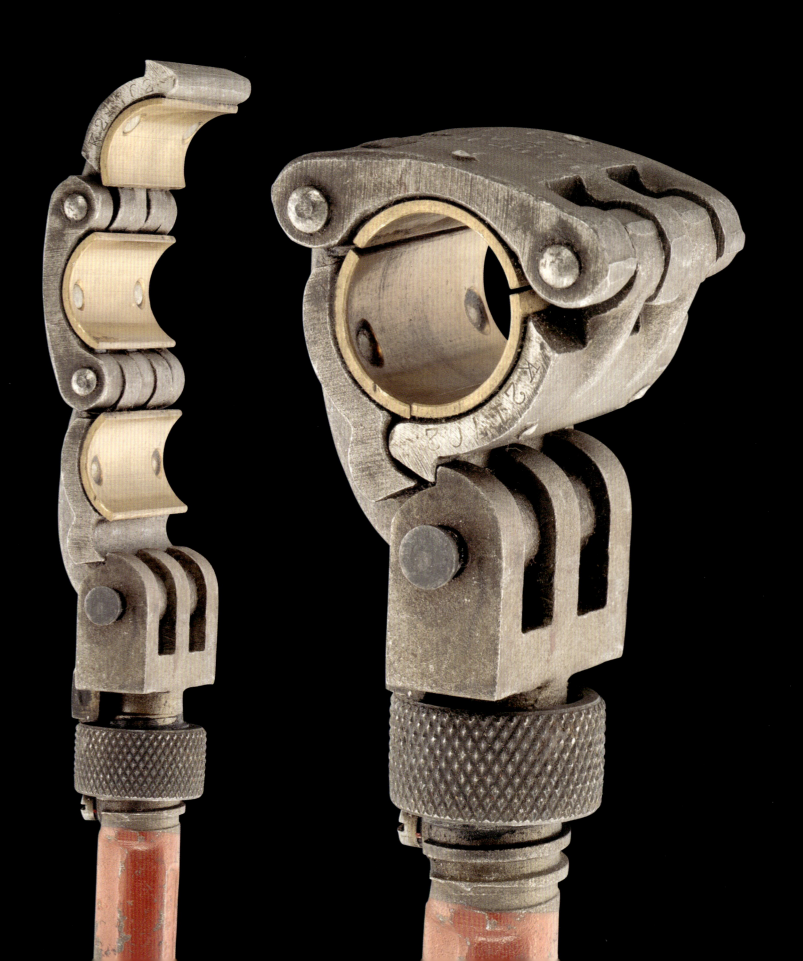

変わり種のレンチ

レンチ一族には変わったメンバーが多くいます。一般に、珍しい工具は貴重なわけではなく、役に立たないだけです。役に立つならもっと大量に作られて出回り、レアアイテムにはなりません。

公正を期すために言うと、希少な変わり種レンチのなかには、特殊な用途に特化していたり、めったに起きない状況で活躍したり、あるいは作られた背景に稀有な歴史を持つなどの理由で存在しているものもあります。

また、本当に素晴らしいにもかかわらず日の目を見なかったレンチもあることでしょう。メーカーのマーケティングが下手だったり、悪辣なライバル企業が、自社のレンチより優れた競争相手をつぶそうと画策したのかもしれません。それはともかくとして、私のお気に入りの変わったレンチをいくつか紹介します。

◀ パームリー社の優れたレンチ。滑らかに動き、コレットのようにパイプをつかみ、銅にも傷を残しません。ただ、決まった直径のパイプにしか使えません。

▲ 柄にねじりが入ったレンチ！ 純粋に装飾的なデザインです。また、通常のモンキーレンチと違ってあごを取り外せません。

▲ 第2次大戦中にゾーリンゲン（ドイツ）のヘンケルス社が作った、時代物の珍しいレンチ。ヘンケルスは昔も今も、高品質の刃物のメーカーとして有名です。

▲ おそらく、最も珍奇な形状のモンキーレンチ。レアなのは使い勝手が最悪だからです。両側が違うサイズになっていますが、それが片方の端にまったく別のものを付けたり、もっと快適な柄を付けたりするよりもいいことだと言えるでしょうか？

▲ 理論的には、この工具の調節可能レンチ側は状態の良いナットやボルトに対応し、ワニの口のような側は、角がつぶれてレンチでうまくつかめない時のためです。しかし、それならバイスプライヤーの方が優秀です。

▼ これはドッグボーン（犬用の骨）レンチと呼ばれ、各種のデザインがあります。大きなヘッドと構造的な弱さのため、有用性は限られています。

▲ ドッグボーンレンチがあるなら、キャットフェイスレンチがあってもおかしくありません。キュートですが、ナットやボルトの周りに障害物がない場合しか使えません。

▶ 給水管と水洗便器をつなぐ配管部品をスパッドといい、大口径のナットで固定されます。写真のようなあごの薄いレンチは、新品を取り付ける際にはいいかもしれませんが、腐食した古いスパッドを緩めるにはよほどの幸運が必要です。

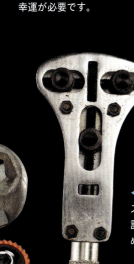

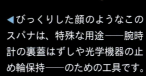

◀ びっくりした顔のようなこのスパナは、特殊な用途——腕時計の裏蓋はずしや光学機器の止め輪保持——のための工具です。

溶接用具

溶接は、はんだを使わないはんだ付けのようなものです。はんだの代わりに、接合する部分の金属そのものを融かし（場合によっては同じ種類の金属を少し足して）、間に何も入れずに２つのパーツを一体化させます。溶接は、はんだ付けよりもはるかに高い温度を必要とし、また、実際に溶接される部材の端部の金属を融かすため、難度ははんだ付けの比ではありません。はんだ付けなら、失敗しても接合部を再び融かして分離させ、やり直すことができます。溶接は、失敗すれば、作業中の部品や部材が駄目になってしまいかねません。

一般的な溶接方法は大別すると２種類あります。酸素とアセチレンの混合ガスを燃やすトーチの炎を溶接部にあてる方法と、溶接したい金属に付けた電極と溶接棒の双方に電圧をかけ、接触点に非常に高温の電気アークを発生させる方法です。アーク溶接は爆発性のガスを使わず、超高温の火花が発生するだけなので、ガス溶接より簡単で、安全性も高めです。私は、ワイヤー送給式アーク溶接機による山形鋼の溶接をすぐに覚えました。私が数分の練習後に初めて溶接したのはブラケットで、今でもそれはわが家の一部を支えています（溶接部が外れたら屋根が崩落するかもしれませんが、溶接はうまくできたと思うので、心配はしていません）。

他の溶接ははるかに難しく、私はどれもできません。アルミニウムの溶接は恐ろしく困難です。アルミは熱伝導が良すぎて、母材の端だけが融けるか全体が融けるかの境目が非常に微妙だからです。作業している間に熱が母材全体に急速に広がり、いつ全部が溶融して崩れ落ちるかわからないのです。鋼鉄とは違い、アルミは事前に赤熱の光を発してから融けたりはしてくれません。

▲スポット溶接機は、２枚の薄い金属を点（スポット）で接合します。この機械も要するに変圧器で、２本の太い銅のあごの間で急激に大電流を流し、２枚の金属板の接触部分を少し融かすことで溶接します。

◀レーザー溶接は、装置が高価なためまだ一般的ではありませんが、非常に薄くて溶接が難しい素材でも、驚くほど見事に接合できます。私にとって、のどから手がでるほど欲しい機械ですが、大枚をはたいてこれを買うだけの理由がありません。

◀溶接は金属だけの技術ではありません。プラスチック溶接棒を装着したピンポイントヒートガンは、アーク溶接と同じ要領で、プラスチックを接合します。

◀テルミット溶接は、鋼鉄同士を接合する最も派手な方法です。写真は、約10ポンド（4.5kg）の酸化鉄粉とアルミニウム粉末が反応して白熱した溶融鉄になり、型に落下して２本の線路をつなぐ場面です。〔テルミット溶接を動画検索するとわかります。〕

▶被覆アーク溶接機は、要するに大きな変圧器です。コンセントからの比較的高い電圧を、溶接に必要な低電圧・高電流に変換します。電流は被覆アーク溶接棒を通って接合部に供給され、棒は溶接材として消費されます。写真の溶接機は1960年代に製造された由緒ある猛獣で、クランクを回すことで２次コイルを１次コイルから離して溶接用の電流を減らしたり、近づけて電流を増やしたりできます。

▶ワイヤー送給式アーク溶接機は、ノズルの先端から一定速度で連続的に送り出される溶接ワイヤーに電流を流します。ワイヤーはアーク放電で融けて部材同士を接合させます。初心者にとっては最も容易な方法です。

▲アセチレン溶接・切断トーチは美しくパワフルな工具ですが、軽々しく使ってはいけません。爆発性の圧縮ガスは、慎重に扱う必要があります。

◀プラズマ切断機は、ワイヤー送給式アーク溶接機や被覆アーク溶接機の理想的な相棒です。電気と空気を使って鋼鉄をバターのように切断するので、溶接するパーツを自在に作れます。一番安いプラズマ切断機でも、厚さ0.25インチ（6 mm）の鋼鉄を難なく切断します。

▲ローマ神話の火の神にちなむ名を持つバルカナイザー（加硫機）は、ゴムに硫黄を加えて加熱することで架橋を形成させ、弾力のあるタイヤトレッドを生み出します。

マルチドライバー

　マルチヘッド・ドライバーには2種類あります。このうえなく便利なものと、イライラさせられるものです。便利なものはシャフト（軸）とビットのどちらもひっくり返して挿し替えられる"フリップ式"で、合計4種類の先端部が使え、最大でも2回の入れ替えで使用可能状態になります。おまけに、ビットを外せばシャフトの両端がナットドライバーになっています。

　イライラ型は柄の先端に六角ソケットがあり、たいていはその底に磁石があります。そして、中空の柄の中に半ダースほどのビットが入っています。ビットの交換に時間がかかりますし、ビットの紛失も起こりがちです。私はこのタイプが嫌いですが、上記のフリップ式ドライバー（標準的なマイナスとプラスしか装備されていない）とは違って、何十種類ものビットがあるので特殊な用途にも使えます。

　その中間に、ビットが出し入れしやすい場所に整理して収納されているタイプがあります。フリップ型ほど堅牢ではなく、ビットの交換も素早くはできませんが、ハンドルにビットがごちゃごちゃ詰まっているよりはずっとましです。

◀ 右は基本の6機能フリップ式ドライバーで、マイナスとプラスのビット各2種類と2サイズのナット回しがあります。左は、ビットのはまっている六角の部分もひっくり返せて、8種類のねじと2種類のナットに対応します。ミニタイプの反転は1回だけです。

▲ このドライバーのビット交換は厄介で、柄の内部のビットを全部出して望みのビットを探さなければなりませんから、お勧めできません。

▲ 何種類ものビットが必要な人にとっては、悪くないタイプです。

▲ このドライバーは、もう少し作りがよければ素晴らしい着想かもしれません。ドライバービット2種かドライバーとドリル各1種かを選べば、あとは素早く反転させられます。

▲ このタイプのマルチヘッド・ドライバーは数十年前にすたれ、いま見つけるのは困難です。おそらく、作りが安っぽくてすぐ壊れるからでしょう。

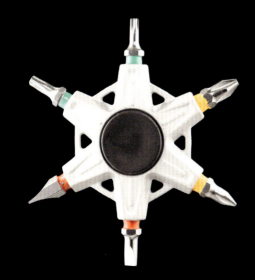

▲ 雪の結晶！　楽しいですが、使う場面は限られます。

スレッジ（大ハンマー）と斧

スレッジハンマー（大ハンマー）についてはっきり言えるのは大きくて重いことで、最大で20ポンド（10kg）以上もあります。大ハンマーはコンクリートの破砕、金属杭の打ち込み、人気の凋落した人物の銅像の破壊などに使われます。古典的な大ハンマーのヘッドは両側の打撃面が平坦です。片側が打撃面でもう片側が刃になっていると、薪割り槌（まき）になります。片側または両側が刃や尖頭の場合は、斧、釿（ちょうな）、手斧（ておの）、ツルハシなどと呼ばれます。

斧にまつわる古くからの哲学的命題をひとつ。「これは祖父の斧だ。母が柄を取り替え、私がヘッドを交換した。これは祖父の斧だ」。どうでしょう？ もしも元の斧の部分は残っていないから答えはノーだと思うなら、考えて下さい──同じことはあなたにも当てはまると。16歳になる頃には、あなたの体には生まれた時の原子は1個も残っていません。あらゆる部分の原子は、同じ元素の別の原子に置き換わっています。にもかかわらず、あなたは運転免許証を取得するために出生証明書を提示しなければなりません。

哲学的な斧の話の全容を知りたければ、「テセウスの船」でググって下さい。今は実用的な斧に話を戻しましょう。昔ながらの薪割り用の斧は、刃が柄に対して平行に付いています。小ぶりな斧は手斧と呼ばれ、やることは斧とほとんど同じですが、強度が低めです。刃が柄に対して90度の向きのものが釿（ちょうな）で、木材に斧よりも細かい成形を施す時に使われます。たとえば、伝統的なログハウスは、斧で伐採した木の表面を釿でまっすぐに整えた丸太で作られます。

大ハンマーといえばたいていの人は破壊を連想しますが、時には建設にも使われます。

◀消防士の斧は、背側に頑丈なピック〔ツルハシ状の尖頭〕があり、ドアを壊したり、板をこじ開けたり、敵の頭蓋骨に穴をあけたりできます。

◀鉈鎌（なたがま）は、藪の切り払い、枝打ち、細い木の伐採、そしてホラー映画で犠牲者が襲われる場面に使われます。

▶刃先が美しくカーブした釿（ちょうな）。インディアナ州産の手作業鍛造品です。

◀この大ハンマーは、撮影2ヵ月前にはピカピカの新品でした。ハンマーは、叩くだけでなく、叩かれもするのです。

▼柄の長さは打撃の強さ。

▲柄が短くても大ケガします。

◀杭打ちハンマーは非常に重いうえ打撃面が広く、木製の杭の頭全体に衝撃を与えつつ、杭を割りにくいようにできています。

▶薪割り槌は丸太とゾンビに有効です。柄は本来まっすぐでした。強引に曲げてはいけません。

▼両刃斧は、片方がハードな切断用の分厚く頑丈な刃、もう片方は細かい加工や仕上げ用の薄めで鋭い刃になっています。

▲かつて北米先住民が儀式で使った「平和のパイプ」。喫煙用具ですが、これはトマホークの形になっており、和睦を意味する「斧を埋める」ということわざに関係しているようです。私の空想ですが、もしかしたら、和平交渉が決裂した時に、相手の頭に文字通り「斧を埋める」こともできたのかもしれません。

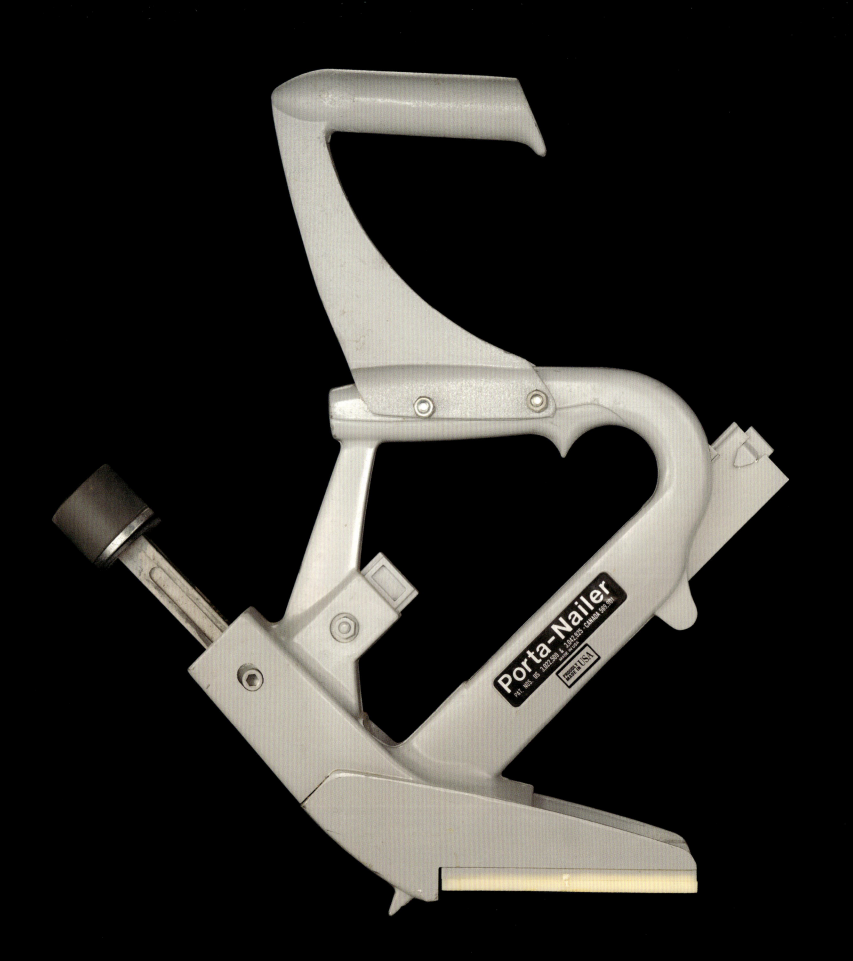

手動式釘打ち機

釘をたくさん打つ時は、ハンマーよりも、釘打ち機やタッカー〔ステープル打ち込み機〕で自動的に釘やステープル〔コの字形の針〕を根元まで打ち込みたくなるものです。

釘とステープルの最大の違いは、固定するものが薄くて柔らかい場合、釘だと滑ったりしっかりとまらない点です。それに対してステープルは2本の足で素材を押さえるため、素材がどんなに柔軟でも、破れるかステープルが抜けるかしない限りは固定できます。たとえば、布を釘で固定しようとするのは的外れですが、ステープルでとめるのは効果的な方法です。

この違いゆえに、手動式の釘打ち機はあまり見かけません。ほとんどの釘は厚くて硬い材料用で、それなりの太さと長さがあるため、手動式工具を使って楽に一撃で打ち込むのは困難です。建築用の大釘も楽に打てる動力式の釘打ち機は、88〜89ページでご紹介します。

一方、ステープルは手動が一般的です。大きなステープルやそれを打ち込むための動力式タッカーもありますが、数枚の紙を重ねてとめる時に使う事務用ホッチキスをはじめとして、小型が主流です。それより太めのステープルは、手でハンドルを握るタイプのステープラーで打つことができます。この種のステープラーはハンドルが長い距離を動く間にエネルギーを蓄え、握りきった瞬間にそのエネルギーを一気に放出します。太めのステープルを素早く連続的に打つには、ハンマータッカーという賢い道具があります。ハンマーのように叩きつけると針が打ち込まれ、次のステープルが自動的に送り出されます。

◀このタイプの手動釘打ち機は米国の工具売り場で見たことがありませんが、パワーネイラーの安い代替品としての利点はあります。釘は事務用ホッチキスの針のように自動で装填され、写真右上の突出した部分を普通のハンマーで叩くと打ち込まれます。

◀フロア用釘打ち機。フローリング材のジョイント部分に特殊な形状の釘を斜めに打ち込みます。丸いゴムの付いた突出部を小さなハンマーで叩くと、釘を打ち込むだけでなく、同時にフローリング板を隣のフローリング板に押し付けて密着させます。私は昔、この種の工具を使わずに自宅の床を張り替えました（釘打ち機は高価でした）。数十年後、オークションで1台を安く入手しました。「遅くてもないよりはまし」の格言は、必ずしも正しくありません。

▲ハンマータッカーは使って楽しい工具です。ハンマーのように振って叩きつけるたびに、ステープルが部材に刺さります。

▶複雑な、いや、複雑すぎるハンマー。これで釘を保持して、もう1本のハンマーで叩き込むこともできれば、これ自体をハンマーとして使うこともできます。釘抜きにもなりますし、ねじ回しの役目も果たします。

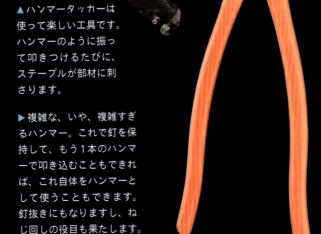

▲工具店の定番の手動タッカー。ステープルを軟らかい木材に根元まで打ち込むことはできませんが、仮止めにはぴったりです。

▲▼ステープルは、切り傷や外科の切開部を閉じる目的で、縫合の代わりに使われます。この安い使い捨て外科用ステープラー（下）とリムーバー（上のハサミ状の針の抜去道具）は動物用として売られていますが、米国の病院が1本につき8000ドル請求する人間用とまったく同じなのは周知のとおりです。

ナイフ

キッチンナイフやポケットナイフは本書の管轄外ですが、工具に近いナイフも多数あります。わかりやすい例は、一般的なカッターナイフでしょう。カッターナイフにはめまいがするほど多様なスタイルがあり、工夫された新しい設計の製品を見つけるのは工具店での買い物の醍醐味というものです。

カッターナイフの有用性の鍵は、刃が交換可能だという点です。切れ味と耐久性は常にトレードオフの関係にあります。鋭利にするには刃の断面のV字形を急角度にしなければならず、すると刃の強度が下がり、曲がったり、鈍ったり、欠けたりしやすくなります。

ポケットナイフの鋭利な刃は交換できないので、傷めないよう注意しなければなりませんが、カッターナイフは古い刃を捨てて新しい刃を取り付けるだけです。ザラザラ・ゴワゴワした素材を切ったり、コンクリートのような刃を傷めるものの上で切ったりする場合は、文字通り数分ごとに替刃に取り替えることになりがちです。刃は安価で、酷使される前提で設計されて100枚入りで売られているので、それでいいのです。

ナイフは刃の素材で大きな違いが生まれます。石（石器時代）から金属まで、あらゆる素材が使われてきました。今日でも、最も切れ味の鋭いナイフは――必ずしも最も実用的なわけではありませんが――、金属よりも石に近い素材で作られています。

◀最も鋭利な鋼鉄の刃、それは外科用メスです。このフレキシブルメスは、2本の指で挟んで刃を湾曲させ、ほくろやその他の皮膚のできものを切除するために使います（私は自分でほくろを処理するつもりで1パック買い、その後われに返りました）。

▼発泡スチロールは、電熱線やホットナイフで簡単に切れます。

◀新しくてより良いカッターナイフを買わずに工具店を出てはいけません。それこそが、あまたのナイフの持ち主になる王道です。

◀ガラス質の黒曜石を打ち欠いた石器（槍先尖頭器）。ガラスの破片はダイヤモンドに次ぐ鋭利な刃を持っています。今でも外科医が黒曜石のメスを使うことがあるのは、鋼鉄より鋭利だからです（デリケートでもありますが）。

▲古代人は、黒曜石がない時は、入手可能で比較的硬いシリカ（二酸化ケイ素）鉱物を使いました。このレプリカ石器はメノウ製です。

▶研磨したルビーのナイフは非常に鋭利で、丁寧に扱えば切れ味が長く保たれます。写真はスイベルナイフという、革をカットして模様をつけるための道具です。

▶カミソリ並みに鋭利なナイフ付きキーホルダー。キュートですが、どういう発想？（実際は鞘が付いています）

スクレーパー

　スクレーパーには、押すタイプと引くタイプの2種類があります。押すタイプはノミに近く、硬く滑らかな面から比較的軟らかいものを取り除くのに使われることが一般的です。たとえば金属面から塗料をそぎ落としたり、コンロのガラストップの焦げ付き汚れをこそげ落としたりします。木材のような軟質面に使うと食い込んで逆効果ですし、本当に食い込ませたいならノミを使うべきです。

　引くタイプは、それほど硬くない面を滑らかにしたり、成形したり、微調整したりするのに使います。古典的なドローナイフは、手前に引くことで丸太の樹皮や木部を一気にはぎ取ります。これと似たスポークシェイブ（両手かんな）は、刃の深さに制限があるため、より薄く丁寧に削れます。

　スクレーパーは、鋼鉄を含む金属の表面の研削にも使われます。手でスクレーパーを使っても鋼鉄はほんの少ししか削れないとお思いでしょうし、実際その通りですが、フライス研削をした後の金属面を石定盤（いしじょうばん）（220ページ）に当ててチェックしながら手で削ると、鏡面研磨以外のどんな方法よりも平らにできます。

　スクレーパーの刃は1枚です。それで足りない時は？　100枚もの刃を並べなければならなかったら？　それは次のページで。

▶ 機械加工された金属部品の穴の内側など、手の届きにくい部分を滑らかに磨くためのスクレーピング工具です。

◀ ドローナイフ（上）もスポークシェイブ（下）も手前に引きます。違いは、前者の刃がむき出しなのに対し、後者には削る厚さを制限する底板があり、一種のかんなになっていることです。

◀ 古い鋳鉄製のウッドスクレーパー。廃校になった高校の作業室で手に入れました。

▶ 穴あけ道具のように見えますが、粘土やワックス用のスクレーパー、彫刻用具です（少なくとも私はそういう使い方をしています。私が知らない正式な用途が別にあるのかもしれません）。

▲ 時には軟らかいスクレーパーが必要なこともあります。このナイロン製の品は、デリケートな表面を傷つけません。

▲ 指にはめて使う繊細なスクレーパー。模型製作の際に小さな部品のエッジを丸めるためのものです。

▲ タングステンカーバイドの刃を持つこのスクレーパーは、研がずに半永久的に使えます。

▲ Mechanical GIFs〔著者の模型通販サイト〕の模型キットには、このプラスチック製スクレーパーが同梱されています。アクリルパーツの保護フィルムを、表面を傷つけずに剝がすためのものです。

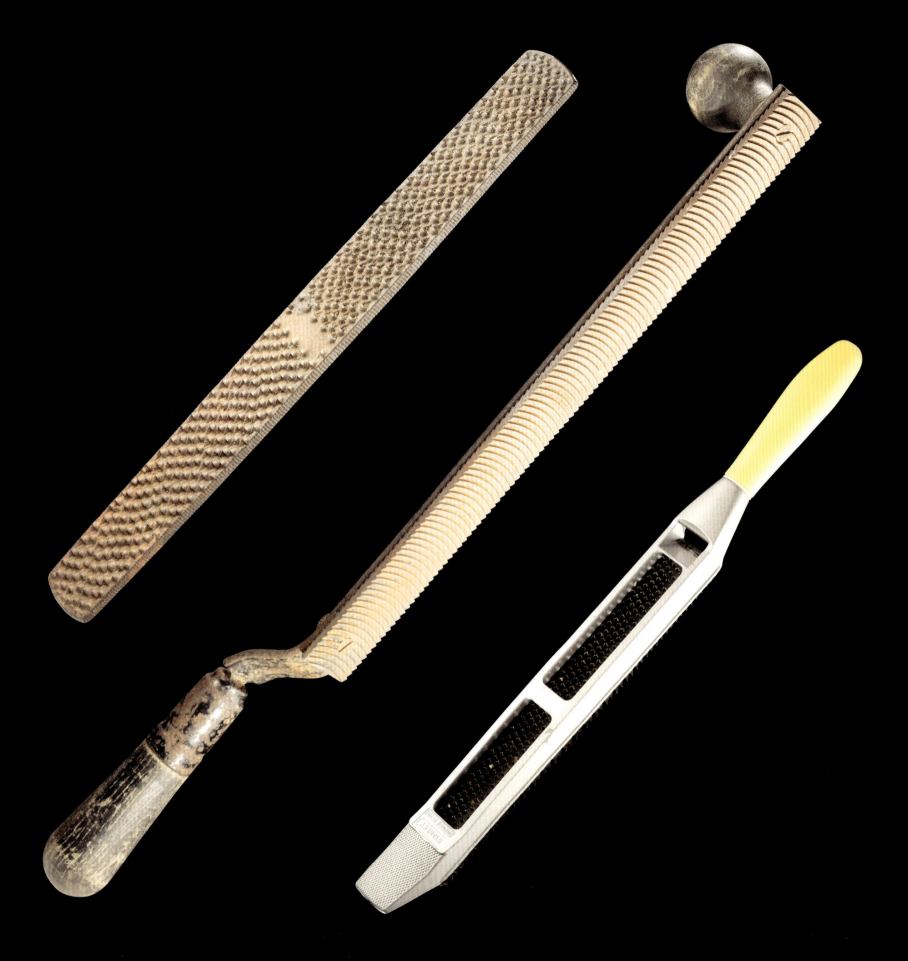

鬼目やすりと呼ばれる最も目の粗いやすりは、木材を自由な形に削るために使われます。大きく鋭い三角形の歯があり、仕上がり面は粗くなるので、もっと目の細かいやすりで滑らかにする必要があります。目の細かいやすりは、木材にも金属にも使えます。2方向か3方向に目が切ってある複目やすりは、目が1方向の単目よりも作業が早く進みますが、仕上がり面は単目よりざらざらします。

やすりは、焼きなましてまだ軟らかい状態の金属面に、硬化鋼製のノミのような工具で目を切ったり起こしたりして作られます。その後に赤熱させて急冷する焼き入れをして硬化させます。どのくらいの温度まで熱するか、どのくらい急速に冷やすかの細かいプロセスは多様で、それぞれに歴史があり、やすりに使用される合金によっても異なります。

硬化鋼のやすりは、一般的な工具としては最も硬い部類に入り、同じ店にある他のほとんどの工具を削ることができます（硬度の劣る硬化鋼で作られたものも含めて）。硬いことはもろいことでもあり、やすりと同じ硬さのノミがあったらすぐに刃がボロボロに欠けてしまうでしょう。やすりが硬くても問題ないのは、丈夫な目が無数にあるからです。硬い部材にやすりをかけると、やがて一部の目が折れてしまいますが、かなりの目がつぶれても使い続けることができます。

▲細かい作業で活躍する小型やすりセット。

▲空圧式パワーやすり。多数の金属部品にやすりがけする時に、腕の疲労を軽減してくれます。

▲ヤスリの中には、直線パターンではなく微細なランダムパターンの目を持つ、永続的紙やすりのようなものもあります。たとえばこの爪やすりのように。

◀鬼目やすり（左）は大きく強い目が広い間隔で並び、木材を素早く削ります。

◀目が平行な「フロート」と呼ばれるやすり（中）は、かんなのように素材を削り取ったり、表面や角をなめらかにしたりします。

◀チーズおろし金に似た鬼目やすり（右）。チーズおろし金と同じ会社が販売しています。

◀この鬼目やすりは木やチーズも削れますが、かかとの角質削り用です。

▼やすりには実に多様な形やサイズがあります。平型と半円型は角をならすのに適し、丸型、四角型、三角型はへこんだ曲面や穴の内側のやすりがけに向いています。

▲2方向に目が切ってある複目やすりは、木にも金属にも、よりアグレッシブに挑みます。

スニップ（作業鋏）

　スニップとは、要は鋏、刃が互いにすり合わさって剪断する道具です。ただ、スニップは、工房での作業に向いた役割を果たすように設計されています。鋏が大きくなっただけのものもあれば、独自の仕事をするものもあります。

　たとえば、ブリキ鋏は"柄が長く刃の部分が非常に分厚い鋏"といえ、薄い金属板を切断する際に長い柄がてこの原理で大きな力を生みます。重さは1kg以上あり、たいていは両手でないと扱えません。ちなみに、ブリキ鋏といってもブリキでできているわけではありませんし、ブリキ切断専用でもありません。この鋏が切断する材料は、薄い板金（通常はスチール、アルミニウム、銅など）全般です。

　ブリキ鋏を使う時に困るのは、金属は紙や布と違って、切られた後の部分がめくれたり開いたりして刃から離れることがなく、鋏が切り進むのを邪魔することです。折り目をつけないように注意しながら、切断された部分の片方を下に下げ、もう片方を上に持ち上げて、刃の動く空間を確保しなければなりません。まして曲線を切るのは困難で、そのため、左カーブと右カーブそれぞれに専用ブリキ鋏が売られています。

　この問題を回避できるのがニブラーです。穴あけパンチに似た要領で金属板を連続的に少しずつ打ち抜き、刃が動くためのスペースを得ることで、鋭いカーブを描く切断も可能にします。

　剪断（せんだん）が失敗しがちなのは、もろい素材（砕けやすい）か、非常に伸縮性の高い素材（刃と刃の間に素材がはさまる）です。こうした素材には、2枚の刃が次ページのような形で合わさる工具を使う方がよいでしょう。

▲エア（空圧式）ニブラー。穴あけパンチのように穴をあける作業を高速で連続的に行い、金属板を自在な線で切断します。

▲カーペットや段ボール用の電動カッター。丸みを帯びた四角形の刃が連続回転します。四角っぽい形により、刃と対象物の角度が鋏と同様に開いたり狭まったりしますが、鋏と違って滑らかに連続切断できます。

◀革コートのボタンホールをカットすることに特化したスニップ。革の端からボタン穴までの距離を調節できます。

◀このブリキ鋏は私が自分用に買った最初の工具のひとつで、以来ずっと感触や使い勝手を気に入って愛用しています。刃は硬化鋼ですが、ハンドルはアルミニウムで、強度と剛性を確保しつつ全体を軽量化しています。

▼ブリキ鋏には、左カーブ用、直線用、右カーブ用があります。

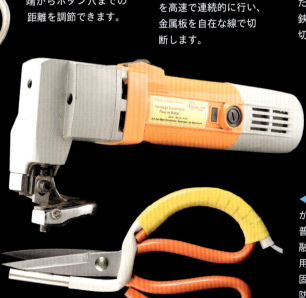

◀板金用シャーは、厚い刃の付いた電動鋏と同じように動作する切断工具です。

◀片方の刃にヒーターがついていなければ、普通の鋏です。低温で融ける合成繊維の切断用で、切り口が融けて固まることでほつれを防止します。

59

ニッパー

ニッパーの刃は互いに正対しています。鋏のように2枚の刃がすれ違って切るのではなく、両側から対象物の同じ位置を挟んで切断します。硬くて延性のある針金の切断では、他の工具より効果的なことがよくあります。（延性とは、材料が破断せずに伸びたり変形したりする性質です。針金は非常に延性がありますが、紙はそうではありません。）

鋼線や釘をシャー（鋏のような原理で金属板を切る工具）で切ろうとしても、2枚の刃がかみあわず、材料を切るどころか曲げてしまいかねません。しかし、刃と刃を正対させてその間にはさめば、ねじれる力が生じず、切断軸がずれることなく強く押し切ることが可能です。

ワイヤーニッパーの小さな問題として、切断の最後、パチンと切れる時に、針金の端まで衝撃波が走るという点があります。針金を望みの長さに切るだけなら問題はありませんが、電気部品のリード線を切断する場合は、衝撃波が部品内部にダメージを与える可能性があります。その場合は、シャータイプのワイヤーカッターを使うか、最低でもニッパーを慎重に使い、派手な音を立てずに切断すべきです。

鋏は2枚の刃がすれ違い、ニッパーは2枚の刃がぶつかりますが、複数の刃がすべて同じ方向に動くとしたら？ 次のページはそれが主題になります。

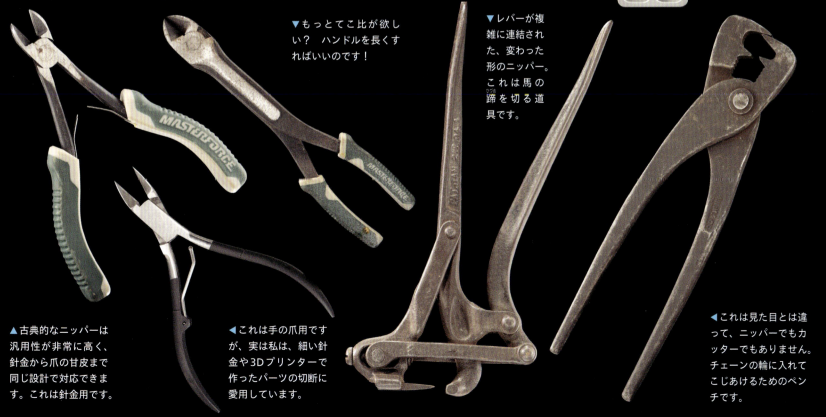

▶ 長いハンドルなしで、もっとてこ比が欲しい？ てこを組み合わせればいいのです！ ハンドルの動く距離が長くなり、大きな力が得られます。

◀このニッパーにはハンドルがありません。プラグを引いて刃を上げ、それから押し下げて、錠剤を割る道具です。

◀これは「砂糖ニッパー」で、棒砂糖〔グラニュー糖や角砂糖が普及する前の家庭用の砂糖〕から少量の砂糖を切り取るためのものです。「棒砂糖」を検索すると、コーン型の砂糖の塊が見られます。今「シュガーコーン」と言えばアイスクリームコーンを指しますが、19世紀には棒砂糖のことでした。

▼もっとてこ比が欲しい？ ハンドルを長くすればいいのです！

▼レバーが複雑に連結された、変わった形のニッパー。これは馬の蹄を切る道具です。

▲古典的なニッパーは汎用性が非常に高く、針金から爪の甘皮まで同じ設計で対応できます。これは針金用です。

◀これは手の爪用ですが、実は私は、細い針金や3Dプリンターで作ったパーツの切断に愛用しています。

◀これは見た目とは違って、ニッパーでもカッターでもありません。チェーンの輪に入れてこじあけるためのペンチです。

木材用ノコギリ

ノコギリの歯には、主に3種類の形状があります。小さなノミの列と、小さなナイフの列と、非常に細い砥石です。

木目に沿って切断する伝統的な縦挽きノコギリの歯は小さなノミのような形で、木くずを掻き出します。木目を横切って切る横挽きノコギリには小さなナイフの刃のような歯が並び、切り口の片側で木目を切ってから木くずを掻き出します。この鋭利なナイフ歯がないと、ノコギリは木の表面を裂いてしまいます〔注：日本のノコギリは手前に引いて切りますが、欧米のノコギリは押して切ります〕。

現代の手持ちノコギリは、縦切りにも横切りにも対応する、より複雑な構造の歯を持っています。また、熱処理の一種である高周波焼き入れにより、長期にわたって切れ味が持続します。高周波焼き入れは歯の周りの薄い層だけに施され、それぞれの歯の芯を含む残りの部分は、そこまで硬化処理されていないので、強靭さと硬さを兼ね備えています。

硬化（焼き入れ）処理をしてあるノコギリは、していない昔のノコギリよりも明らかに優れていますが、焼き入れした薄い層を破壊しないと研げないという欠点があります。幸い鋼は再生可能資源ですから、古い刃を研ぐより、リサイクルに出して新品を買う方が安上がりです。ノコギリの歯は人間より長持ちするので、ヘビーユーザーでなければ、人生でノコギリを研いだり買い替えたりすることはまずないでしょう。未硬化のノコギリの刃を丹念に研ぐ人もいますが、実用的な作業というよりは、瞑想修行や歴史の追体験に近いといえます。

切断したい素材が硬ければ硬いほど歯を小さくしなければならず、歯を研ぐ作業はどんどん大変になります。鋼材を切るノコギリになると、歯があまりに小さくて、誰も研ぐ気を起こしません。

◀このノコギリは1人で扱えるギリギリの長さです。これ以上長いと両端にハンドルを付けて2人で挽かなければなりません。

▼胴付（導突）ノコギリは、まっすぐに保つため背金で補強されています。この長い胴付はマイターボックス用ですが、小さな蟻継ぎ用まで各種サイズがあります。

◀外科手術や動物の解体（ひどいヤブ外科医ならその両方）で使われる骨ノコギリの歯は、木材用ノコギリとよく似ています。これは骨が木材と同じ程度の硬さであることを示すとともに、多くの工具は木材を切るのと同じくらいの速さで骨を切断したり穴を開けたりできることも意味します。

▼古いノコギリは、しばしば木製の柄の部分に模様が彫刻されていました。こうした古い道具は一生ものの財産でした。

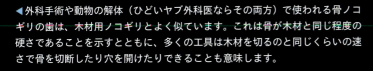

▼この古い横挽きノコギリには面白い工夫がされています。刃の背側に釘を切るための歯がついていて、それを使えば腹側の鋭い歯を駄目にせずにすみます。

▼もしチェンソーを持っておらず、持っている知り合いもおらず、100マイル圏内に工具レンタル業者もない場合でも、あなたは友人とこのタイプのノコギリを使って、巨大な丸太や立木の幹を切ることができます。切るのに1時間もかからないかもしれません。しかし多くの人は、こうした古いノコギリを作業場や書斎の壁の飾りとしてしか扱いません。

ハックソー（金属用弓ノコギリ）

ハックソーは、主に金属切断用です。木工用ノコギリよりも歯数が多く、高品質のものは高速度鋼（通常はドリルビットその他の電動切削工具に使われる鋼）で作られています。ハックソーは鋼材を切断するためのものなので、刃が硬くなければ意味がありません（ただし、鋼鉄のやすりを切ろうとするのはやめましょう。やすりの方がずっと硬度が上です）。

ハックソーは替刃式です。歯の数が多すぎて、これを研ごうとするのは非現実的だからです。刃の取替費用を節約するための一番の方策は、ハックソーをつねに端から端まで使って切ることです。祖父はよく言っていました。「刃全体に対して代金を払ったのだから、刃全体を使うべきだ！」と。

高速度鋼の刃は、軟質金属やプラスチックを切っていれば長持ちしますが、鋼に使うと思ったより早く切れ味が落ちます。新しい刃に替えると、それまでの刃ががどれほど鈍っていたかがわかって驚くことはよくあります。ハックソーの替刃がカッターナイフの刃と同様に50本入りで売られているのはそのためです。

一般則として、切断する金属が厚ければ厚いほど、ノコギリの歯の間隔を広くする必要があります。歯と歯の間隔が狭すぎると、刃が金属の外側に出る前に削りくずがたまるスペースがなくなります。逆に、歯の間隔が広すぎると、薄い金属板は歯の隙間に挟まってしまい、ノコギリが動かなくなります。理想的には、つねに最低3枚の歯が切断する材料に触れていてほしいものです。次のページでご紹介する歯の形状には、こうした点やその他さまざまな要素が反映されています。

▲この冷凍肉切断用ノコギリは、率直に言って、私が所有するなかで最もよく出来ています。ステンレス製のフレームは驚くほど頑丈で、ロック式のハンドルは使いやすくて丈夫です。

▼キャラメル・フラペチーノ1杯分の値段で、このバイメタル製の刃が10本、あるいは基本的な炭素鋼の刃が50本買えます。まともな人はこの刃を研ごうとは思いません。

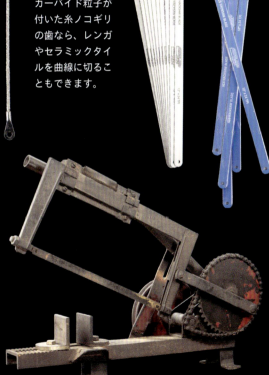

◀ハックソーはフレームが張力を与えるので、剛性のほとんどない刃も使えます。表面全体にタングステンカーバイド粒子が付いた糸ノコギリの歯なら、レンガやセラミックタイルを曲線に切ることもできます。

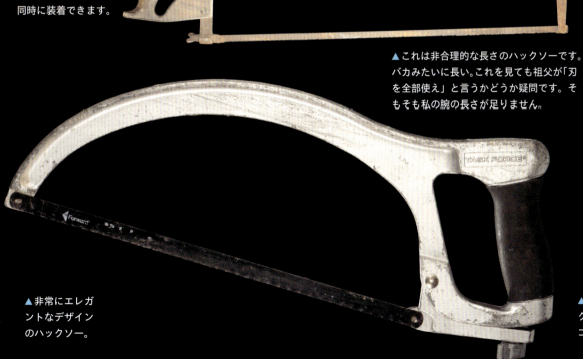

◀この両面ハックソーは、粗い目と細かい目の2種類の刃を同時に装着できます。

▲これは非合理的な長さのハックソーです。バカみたいに長い。これを見ても祖父が「刃を全部使え」と言うかどうか疑問です。そもそも私の腕の長さが足りません。

▲非常にエレガントなデザインのハックソー。

▲アンティークな「アイアン・マイク」。普通のハックソーに取り付けられたベルト駆動の動力機構が、ノコギリを前後に動かしてくれます。

65

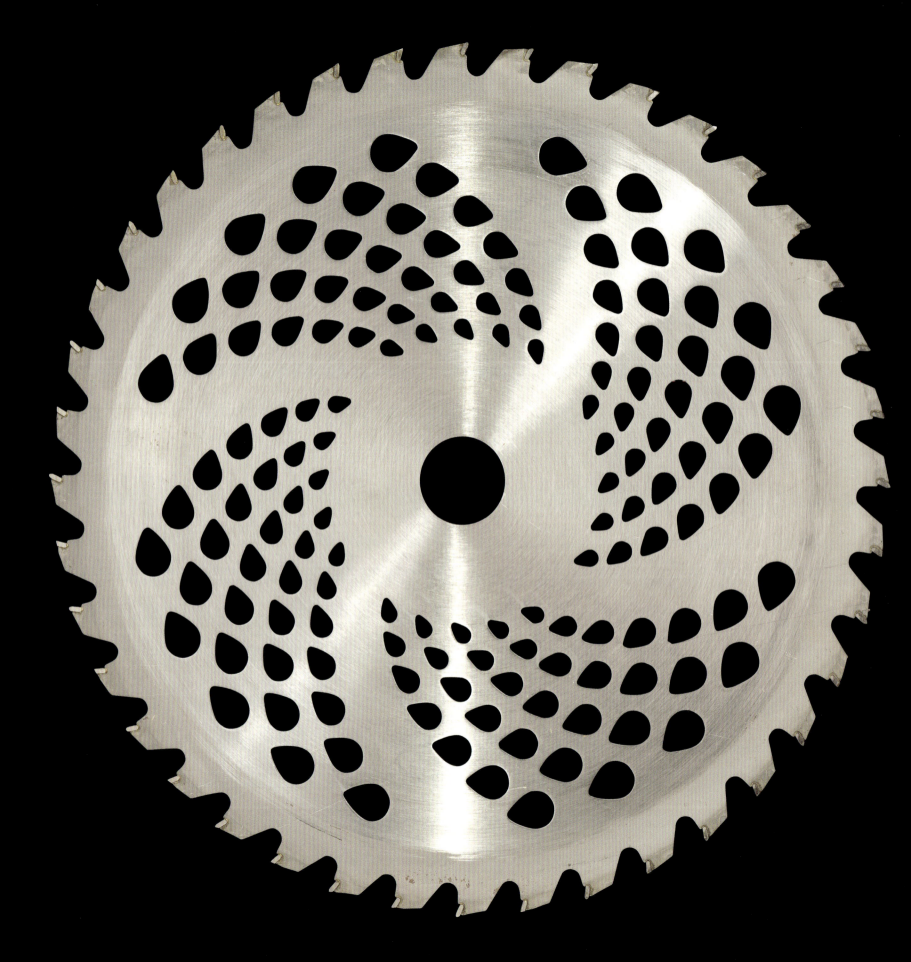

ノコギリの歯

ノコギリは歯が命です。それ以外の部分は、歯に仕事をさせるための支持台でしかありません。ノコギリの歯の形と配置には、さまざまな技術と科学が詰め込まれています。

丸ノコの歯は「すくい角（フック角度）」、つまり回転の中心から円周に向けて引いた垂線に対してどれだけ傾いているかによって特徴が変わります。すくい角が正（プラス＝前傾）ならば、歯が切断の対象に食いついていくアグレッシブなノコギリになります。すくい角が負（マイナス＝後傾）の場合は、回転刃が押し戻される形になります。使用者が刃を前へ押し続けるのをやめれば止まるため、より安全性が高く、よりコントロールしやすいのが特徴です。

歯と歯の間のスペースも重要です。なぜなら、歯が切断対象物の反対側に出るまでの間、切りくずをそこにためておかねばならないからです。丸太のような太くて柔らかい部材を切る場合は、歯と歯の間に十分なスペースがないと、切断時に出るすべての木くずを保持できません。しかし、薄い部材や非常に硬いものを切断する場合は、歯が反対側に抜けるまでに集まる切りくずが少ないため、歯と歯の間にさほど広いスペースは必要ありません。最も硬い素材であるガラスや石を切る歯は、もはや歯と呼べないほど小さくなくてはいけません。それは次のページでお見せします。

▲ヘイナイフ（干草ノコギリ）は干草の塊を切り分ける道具です。木材用ノコギリの歯をばかでかくしたような見た目ですが、干草の山は木目がばかでかい木材のようなものなので、理にかなっています。

◀これは丸ノコの刃ではなく、普通の刈払機（草刈機）の先に取り付けて、危険性を格段に高めるための刃です。たくさん穴があいていることで軽量になり、ジャイロ効果が抑えられて操作しやすくなります。

▼木材用ノコギリの歯の間隔は、8分の1インチ（3mm）以下から2インチ（50mm）以上まで多彩です。

▼ハックソー（64ページ）やジグソー（104ページ）の刃は、切る相手が薄いほど歯が多くなります。木材用の歯は大きくて鋭利です。

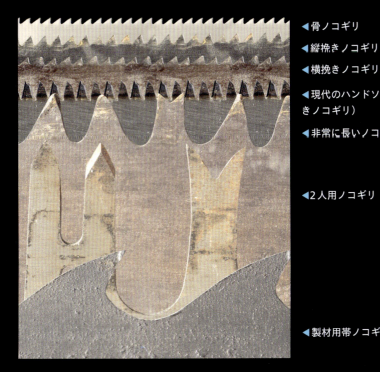

◀骨ノコギリ
◀縦挽きノコギリ
◀横挽きノコギリ
◀現代のハンドソー（手挽きノコギリ）
◀非常に長いノコギリ
◀2人用ノコギリ
◀製材用帯ノコギリ

◀ナイフ状の刃
◀カーバイド
◀薄い金属用
◀中間の金属用
◀厚い金属用
◀きめの細かい木材用
◀きめの粗い木材用

▲片方は断熱材（グラスファイバーまたは発泡スチロール製）の切断用ノコギリ、もう片方はパン切りナイフ。識別できますか？（ヒント：パン切りは全体が金属製です）

ノコギリの歯

▼昔ながらの鋼鉄製丸ノコの刃は、あまり長持ちしません。それに対し、カーバイドチップが付いた刃は価格が段違いに高いのですが、通常使用であれば半永久的に切れ味が落ちません。金属やプラスチック切断用のブレードは、歯のすくい角が負、つまり歯が回転方向に対して後方に傾いています。

◀鉄筋研磨切断用

◀スチール研磨切断用

◀コンクリート用ダイヤモンドブレード

◀カーバイドチップ付き、きめの細かい木材用

◀きめの細かい木材用

◀きめの粗い木材用

◀カーバイドチップ付き、Trex社のプラスチックの切断用（すくい角が負）

◀カーバイドチップ付き、きめの粗い木材用

◀カーバイドチップ付き、アルミ用（すくい角が負）

◀カーバイドチップ付き、鋼鉄用

コンクリート、セラミック、磁器質タイル、レンガ、硬化鋼などの非常に硬い素材は、ノコギリ刃ではなく研削砥石（けんさくといし）で切断するのが最適です。研削用の刃の一番の特徴は、エッジを鋭利な状態に保とうとしないことです。その代わり、細かくて鋭利なエッジが無数にあり、鈍くなると折れて落ち、新しい鋭利な刃が露出します。

スチール製の鉄筋を切断するための刃は内部にファイバーメッシュがあり、ブレードが高速回転しても砥粒（研磨剤）層が剥がれて飛ばないようになっています（そうはいっても結局は折れて飛び散るので、保護メガネとフェイスシールドの着用は必須です）。通常、研削砥石は最初は直径が14インチ（35cm）ありますが、直径が半分になるまで働き続けます。

コンクリート切断用のダイヤモンドブレードは、鋼鉄製ディスクに無数の微小なダイヤが埋め込まれています。ダイヤはあまり表面から突出しておらず、刃の手触りはほぼ滑らかです（コンクリートがまったく動かないので、表面から大きく突出している必要がありません）。使っているうちに、わずかに突出したダイヤは割れて表面が滑らかになり、その時点でブレードは切れなくなる——かと思いきや、鋼鉄のディスクも少しずつ摩耗して、新しいダイヤが露出します。

ここが最大のポイントです。鋼鉄が硬すぎて摩耗が遅いと、ダイヤだけがなくなって刃は切れなくなります。逆に摩耗が早すぎると、高価なブレードが長持ちせず、割れなかった（十分に使われなかった）ダイヤは無駄になります。

鋼鉄の硬さはどれくらいであるべきか？　それは、何を切るかによります。切る相手がコンクリートの場合、セメントと結合してコンクリートを形成する「骨材」として、どういう種類の砂利が加えられたかが問題になります。そして、どんな石が骨材に使われるかは、工事の場所に左右されます。

コンクリートは非常に"地域密着型"の素材です。最寄りの採石場の石と混ぜられ、そこからせいぜい数十マイル以内の現場にミキサー車で運ばれて使われます。そのため、コンクリート用ダイヤモンドディスクの販売会社には、顧客がどこで使用するかに基づいてどのモデルの刃を勧めるべきかを示す、詳細な地図があります。その地図を作るためにどれほど膨大な量の情報を収集する必要があったかはもちろん、そんな地図を思いつくようになるまでにどれほどの文明と技術が積み重ねられてきたのかを、ぜひ想像してみて下さい。

▲タイルソーはマイターソー（卓上丸ノコ）の一種で、水冷式ダイヤモンド研削ブレードでセラミックタイルを切断します。これは円形のわが家の床貼り用に買いました。二十八角形の床にタイルを敷き詰めるには、すべてのタイルを2ヵ所カットして角度をつけなければならなかったのです。

▲鋼鉄切断に使われる研削砥石。切るというより、「徐々に削って突き抜け」ます。

■軟 ■やや軟 ■中間 ■やや硬 ■硬

▲米国各地におけるコンクリートの骨材の硬さを示した地図。これを参照して、その土地で最もよく切れて長持ちするコンクリート用ブレードはどれかを判断します。

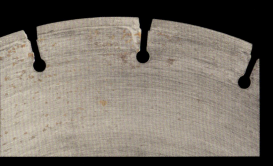

▲ダイヤモンドブレードはエッジが連続している場合もありますが、多くは切れ目があります。切断部分に冷却水が流れやすくするとともに、金属の熱膨張による歪みを最小限に抑えるためです。

▶この測定具にはマイクロメーターが付いており、レンタル会社は顧客へのダイヤモンドブレードの貸し出し前と返却後の直径を、1万分の1インチ（0.002mm）単位で測ることができます。これを使って、ブレードの使用量に応じて料金を請求するのです。

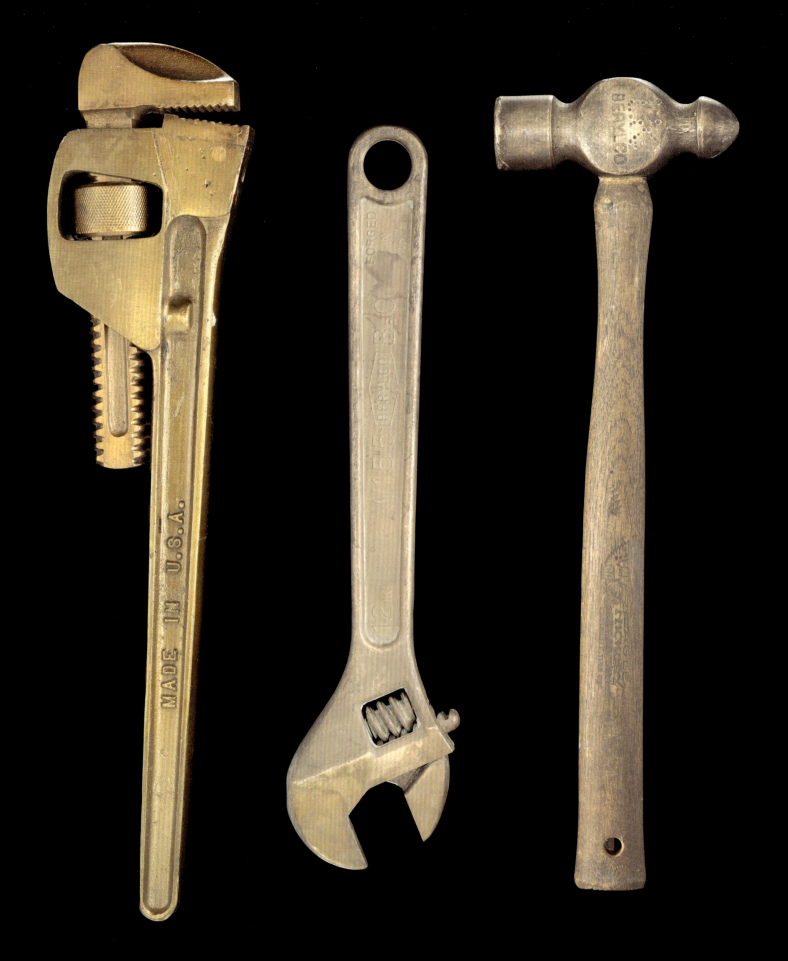

銅製工具

真鍮（銅・亜鉛合金）や青銅の工具の大半は、存在理由が同じです。「鉄製工具と違って火花を発生させない」のです。もし爆発性ガスがたまっていたら、レンチの滑りやハンマーの落下時の火花で大惨事になりかねません。銅合金は鋼鉄よりずっと軟らかいという欠点はありますが、駄目になった工具を頻繁に買い替えるか、自分の頭が吹っ飛んで新しい頭と交換するかの二択なら、答えは明らかです。

この種の工具に使われる一般的な合金は2種類。アルミニウム青銅（銅80％にアルミニウム、鉄、ニッケルを加えたもの）と、ベリリウム銅（銅98％にベリリウム、コバルト、ニッケルを加えたもの）です。ベリリウム銅の工具の方が強度は高いのですが、そのかわり高価です。また、ベリリウム銅を研磨すると有毒なベリリウム含有粉塵が発生するため、改造は危険です。ベリリウム銅の加工や研磨には、特別な手順と規則が定められています。

銅の工具を使う別の理由に、完全に（あるいはほぼ）非磁性だという点があります（これに関してもベリリウム銅の方が優秀です）。もしあなたがスチール製のレンチを持ってMRI装置に近づいたら、即座に病院を追い出されて出禁になるでしょう。MRIに使われているとてつもなく強力な磁石は常に磁力を帯びており、数フィート（1メートル）離れた手から工具を引きちぎることができるのです。

また、銅合金は耐食性に優れているため、海水がかかる場所や、腐食性の化学物質が多い化学工場で使われます。数ヵ月で錆びてボロボロになることがないのなら、相対的に軟らかい銅合金を使うだけの価値はあります。ここでも、ベリリウム銅の方が優れています。

工具周期表の29番（元素周期表の銅の位置）に敬意を表するための幕間はここまでです。次ページからはノコギリに戻りましょう。

▶ この真鍮製ハンマー兼マルチツールは、爆発の危険がある環境用というより、見て楽しむためだと思います。

▶ この測深棒は、液体の入った樽の中に下ろして、液の深さを知るための道具です。定規のような目盛りがあり、真鍮製なのでさまざまな腐食性液体の中に入れるのに適しています。

▶ 貴金属をピックリング（酸洗い）液から取り出すための銅のトング。

◀ 一般的な工具の真鍮や青銅バージョンは、同タイプの鋼鉄製工具の20倍以上の価格になることもよくあります。左から、アルミニウム青銅のパイプレンチ、ベリリウム銅のモンキーレンチ、ベリリウム銅の金槌。

▼ 木材用かんなを真鍮で作る理由はほとんどありません ── 見た目の美しさ以外には。

◀ アルミニウム青銅の工具は、左ページのベリリウム銅の工具よりも安く、美しさでは遜色がありません。ただ、硬さはいくらか劣ります。

▶ このセンターファインダーやその他の道具が真鍮製なのは、錆を防ぐためです。

変わったノコギリ

ここでは、他のどのページにも押し込めなかったノコギリをご紹介します。これらのノコギリに共通するテーマは、私が面白いとか楽しいと思ったということ以外には特にありません。ノコギリについては語りつくしたので、次のページからはドリルに戻ります。

◀ 外科で使う石膏用ノコギリだそうです。なんともラブリーではありませんか。

▲ 髪を留める以外何もしない単機能のヘアクリップなんて、嫌じゃありませんか？ このクリップはノコギリにも六角レンチにもなるので、はるかに優秀です。

◀ 高剛性のくさび形刃を持つ引き回しノコギリは、板の真ん中にあけた穴から差し込んで曲線で開口部を切り取れるよう設計されています。写真の製品はハンドルが刃の真後ろという最善の位置にあり、最高に押しやすい点が気に入っています。

◀ 指にはめて使う、非常に歯が細かい、引いて切るノコギリ。危険な指輪のようです。精密模型製作に使います。

▲ このハンドソーの形に利点があるとは思えませんが、アルマジロのように折りたためるところがキュートです。

▲ このロープソーは、通常のノコギリが届かない窮屈な場所（壁の内側など）でPVCパイプを切断するためのものです。

▶ 私がこれまで見た中で一番小さいチョップソー。完全に手動で、指にはまって取れなくなった指輪を切って外すという特殊な目的専用に設計されています。

◀ 人体の内部も、通常のノコギリが入らない狭い空間です。このロープソーは手ごわい場所の骨の切断用で、ハンドルが外せるので、必要最低限の切開で骨の周囲に通すことができます。

73

石材用ドリルビット

鋼鉄製のドリルビットを研ぐには回転砥石を使います。鋼鉄と石がこすれ合うと石が勝つので、刃が研げます。では、石に穴をあけたい時はどうすればいいでしょう？ 鋼鉄より硬いものが必要です。

すぐに思い付く選択肢はダイヤモンドですが、問題があります。今のところ、ダイヤモンドを加工して切削面を作ったビットは簡単には買えません。また、今のところダイヤは嫌になるほど高価です。タングステンカーバイド（炭化タングステン）の方がはるかに実用的で、超硬ドリルビットの最も一般的な選択肢です。タングステンカーバイドは固体の塊に成形することができ、ダイヤモンド研削装置を使って鋼と同様に研ぐことができます。鋼鉄よりも高価ですが、理由があっての値段です。

場合によっては、ドリルビット全体がタングステンカーバイドで成型されているものもあります。私はそのタイプを何本も持っていますが、かなり値が張りますし、小径の場合、かなりデリケートです。タングステンカーバイドは非常に硬いぶん脆いので、ひとつ扱いを間違えば、折れて一巻の終わりです。

より一般的なのは、小さなカーバイド片（多くの場合、単純な長方形のブロックを研いだもの）を鋼鉄製シャフトの端にろう付けする方法です。こうすれば、コンクリート、石、レンガ、セラミック、ガラスを貫通できる、あまり高価でなく丈夫で長持ちするドリルビットができます。このビットは金属や木材にも使えます。その場合のタングステンカーバイドは、どうしても必要だからではなく、研がなくても長持ちするという理由で採用されていることになります。

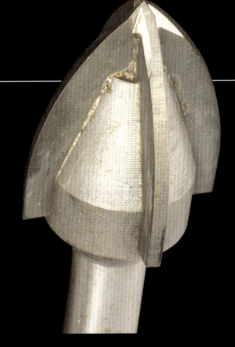

▲▼ガラスやきめ細かい磁器用のスピアポイント・ビット。槍先のような形に一体成型されたタングステンカーバイド製の先端部が（または4枚を十字型に配して別々に）鋼鉄の刃軸にろう付けされています。ガラスや磁器が割れないよう、少しずつ削るような動作で穴をあけます。

◀重厚なタングステンカーバイドの歯と屈強なセンタリングドリルを備えた、直径4インチ（100mm）のコンクリート用ホールソー。ダイヤのコアリングビットほど高価ではありませんが、これを駆動するハンマードリルと同程度の値段です。

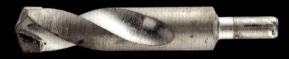

▲石は硬いけれど脆いため、軟らかいが強靭な素材（鋼など）と比べて、穴あけが驚くほど容易です。このシンプルなタングステンカーバイドチップの石材用ビットは、比較的小型の手持ちハンマードリルで駆動できます。同程度のサイズのビットで金属相手に同じことをするのは無理です。

▶この高価なタングステンカーバイド・ビットは、鉄筋が埋め込まれたコンクリートを掘り抜くように設計されています。鋼鉄には鋭いビット、コンクリートにはあまり鋭利でないビットが必要なので、鉄筋コンクリートは難物です。

◀石材用ビットのフルート〔溝切り部分〕には、驚くほど多様なスタイルがあります。左の超タイトなものは、非常に硬いコンクリートの掘削用で、ビットはあまり前進せずに何度も回転します。

▶石材用ビットは鋼鉄用ビットより長い傾向があります。一般的な壁の多くは厚さ8インチ（200mm）のコンクリート、レンガ、軽量コンクリートブロック製だからです。同じ厚さの鋼鉄の壁はほとんどありません。

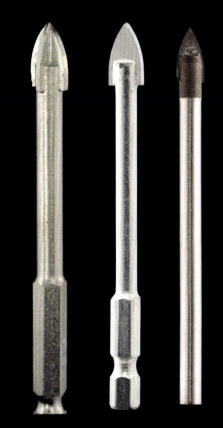

ハンドドリル

　エッグビータードリルとも呼ばれる手回し式のドリルは、大きな歯車と組み合わせた小さな歯車を高速回転させます。木材や金属に（多大な労力を費やせば石材にも）小径の穴をあけることができます。

　大径のビットを回すにはスピードよりもトルクが必要なので、歯車式のエッグビータードリルは無力です。それ以前からあるブレースドリル〔柄がコの字形に曲がったドリル〕は、ハンドルを回すのと同じ速さでしかビットが回転しませんが、腕全体が与える力と同量の力がビットに伝わります。

　私が子供の頃は、まだこの2種類のドリルが一般的でした。電動ドリルもありましたが、重くてコントロールが難しかったので、多くの人が手動式を使っていました。今の若者はこういう工具が実際に使われているところを見ることは決してないだろうと思うと、自分の年齢を感じざるを得ません。もちろん、私自身も手動式ドリルは使いません。現代のコードレス・ドリル／ドライバーの方がはるかに優秀な仕事をしてくれますから。

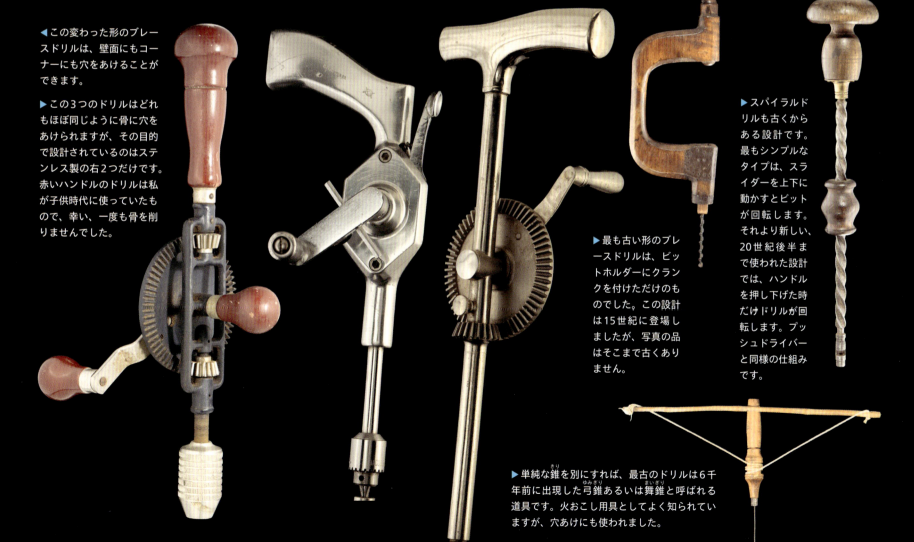

▶2段変速エッグビータードリル。クラッチがあり、大きな歯車の内輪と外輪のどちらを噛み合わせるかで回転速度を変えられます。上部のプレートに体重をかければ、より大きな力で作業できます。

◀この変わった形のブレースドリルは、壁面にもコーナーにも穴をあけることができます。

▶この3つのドリルはどれもほぼ同じように骨に穴をあけられますが、その目的で設計されているのはステンレス製の右2つだけです。赤いハンドルのドリルは私が子供時代に使っていたもので、幸い、一度も骨を削りませんでした。

▶最も古い形のブレースドリルは、ビットホルダーにクランクを付けただけのものでした。この設計は15世紀に登場しましたが、写真の品はそこまで古くありません。

▶スパイラルドリルも古くからある設計です。最もシンプルなタイプは、スライダーを上下に動かすとビットが回転します。それより新しい、20世紀後半まで使われた設計では、ハンドルを押し下げた時だけドリルが回転します。プッシュドライバーと同様の仕組みです。

▶単純な錐（きり）を別にすれば、最古のドリルは6千年前に出現した弓錐（ゆみぎり）あるいは舞錐（まいぎり）と呼ばれる道具です。火おこし用具としてよく知られていますが、穴あけにも使われました。

ソケット＆ハンドルセット

ソケットとラチェットハンドルからなるラチェットレンチセットを持っていることは、本格的な工具ユーザーの証です。非常に高価なセットもありますが、ナットやボルトを大量に使うなら、買う価値があります。ナットやボルトには多様なサイズがあり、その多くが一般的に使用されているため、セットは必然的に大きくなります。

ソケットを使うには、ソケット背面の穴（差込角）に合う四角いペグ（ドライブ角）を持つラチェットハンドルが必要です。差込角の標準サイズは世界共通で、1/4インチ〔6.3mm〕、3/8インチ〔9.5mm〕、1/2インチ〔12.7mm〕、3/4インチ〔19.0mm〕、1インチ〔25.4mm〕があり、非常に大きなソケット以外はどれもこの規格です。ひとつのペグに多用なソケットを付けられるため、一般的なセットに入っている小さい方から3本のハンドルでも、数十サイズのボルトやナットに対応できます。

次のページでは、ラチェットハンドルの美しいバリエーションをご覧いただけます。

◀カーショップで最も欠品しがちなソケットは10mmです。米国車でも外国車でも、最も一般的なボルトヘッドのサイズだからです。このサバイバル・キットがあれば、10mmのソケットを常備しておけます。緊急時には迷わずガラスを割りましょう！

▲プロの整備士が持っている立派なセットと張り合うつもりは毛頭ありません。これは私の小規模なセットです。似たようなセットが、自宅やスタジオなど各所にいくつもあります。さらに、あちこちの引き出しは他のバラバラなソケットで一杯です。

▲残念ながら、わが家で正式なソケットチェストに最も近いのは、この高さ9インチ（23cm）のスナップオン社ツールチェストのセールスマンサンプルです。

▶長いボルトの奥までナットをねじ込むにはディープソケットが要ります。非常に長いボルトには貫通ソケットが必要です。それには専用の貫通ソケットハンドルが必要で、これは他のソケットには使えません。写真のソケット越しに、背景の黒い色が見えますね。

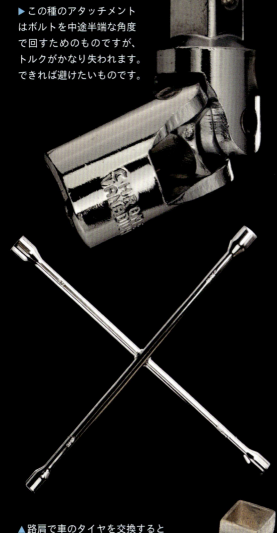

▶この種のアタッチメントはボルトを中途半端な角度で回すためのものですが、トルクがかなり失われます。できれば避けたいものです。

▲路肩で車のタイヤを交換するときに使うクロスレンチは、通常、それぞれの端に異なるサイズのソケットが付いています。

▶この100年前のソケットセットは、ほぼ手作りのように見えます。当時は四角いナットが一般的だったため、このセットには四角と六角のソケットが入っています。

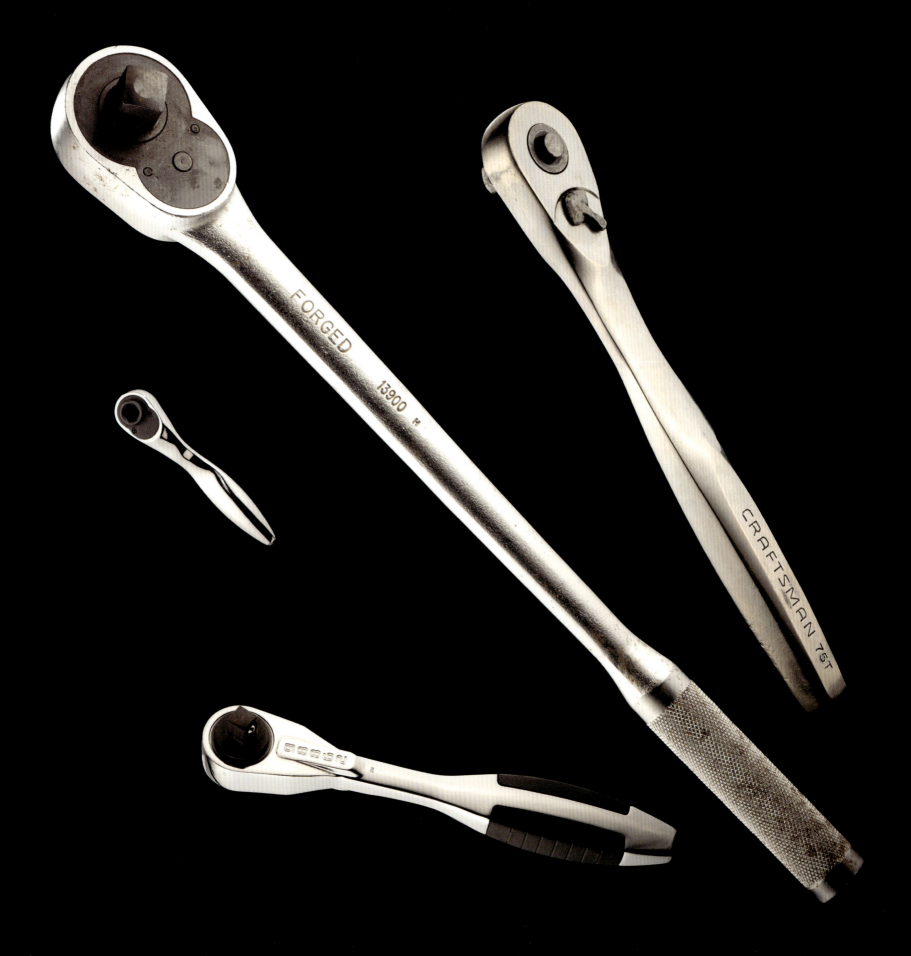

ラチェットハンドル

前のページで紹介したソケットを使うには、ラチェットハンドルが必要です。この組み合わせは、どんな工房でも最も活躍する工具のひとつです。ラチェットハンドルは、普通のねじよりも大きな固定具を使用する機械部品の組み立てや分解に最適な工具です。ラチェット機構により、ハンドルを回す方向を左・右と変えても、ソケットが回る向きは同じに保つことができます。ラチェットハンドルの最高峰は、手から加わる力のすべてに耐える強度と、狭い場所でもレンチを使えるよう、ハンドルを少し動かすだけで次の停止位置までスムーズに戻る細かいラチェット歯を兼ね備えた製品です。ラチェットが1歯か2歯しか動かず、ハンドルを回せるスペースの多くが無駄になったり、1歯も動かなかったりしては、レンチとして役に立ちません。

最も原始的なラチェットには、数個の大きな歯と、一度に1つの歯にかみ合う1個の「爪」しかありません。たとえば12歯のレンチだと、1回カチッと切り替わるまでに30度回さねばなりません。歯を小さく多くすれば、1歯あたりのハンドルの回転距離は短くなりますが、ただ歯と爪を小さくするだけでは、爪の強度が不足します。

解決策は、爪の方にも複数の歯を付けて、ラチェットホイールの多くの歯と同時にかみ合わせることです。この機構のかみ合わせは、強く回せば回すほど歯が強く連結されることを意味し、接触面の面積は、単一の大きな歯の場合と同じかそれ以上になります。自分でテストしたことはありませんが、私が見た限りの極精細歯ラチェットの試験では、必ず、ラチェット機構が故障するより先にペグ（ドライブ角）が破断していました。

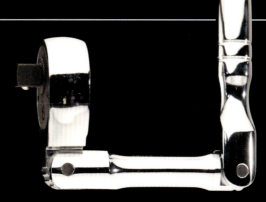

▲この首振りラチェットハンドルは2ヵ所で曲がります！ クランク状に曲げることができて、緩んだナットを素早く締めるのにとても便利です。この写真のように曲げることだってできます。

◀短いにも程があるラチェットハンドル。しかし、実は狭い場所にある小径のボルトやナットを締めるには便利です。私はミシンに使っています。

◀ラチェットハンドルは、手に持った時の満足感が最も大きい工具のひとつです。繊細でキュートなものも、凶器にふさわしいものも、同じように手になじみます。質の高い製品は、正確な加工と丁寧な仕上げで、ほとんど壊れません。

▼最も歯数の多いラチェットハンドルは驚異的な160歯で、2.25度回転するごとにカチッと音がします。爪は左右に1つずつの合計2つで、それぞれの12個の歯がハンドルのリング内側の歯とかみ合います。

▲この古いラチェットハンドルは歯が12しかありません。

▶このラチェットには歯がまったくないため、カチカチという音がしません。図書館での作業に最適です！ 内部機構がかみ合って回転部がロックされるまで、最初に、角度にして1度ほど回す必要があります。

▶この24金めっきのレンチは、やりすぎの見本と言うほかありません。

鋳造用具

私は金属鋳造の経験がかなりあります。高校生の頃、地元の廃材置き場から亜鉛製の雨押さえの切れ端を拾ってきて、プロパンの配管用トーチかコンロの火のどちらかで(あるいは両方同時に使って母に嫌がられて)融かし、古来からの失蠟法で作った石膏の型に流し込みました。失蠟法は、蠟で作った原型の周りに石膏を流し込み、それからコンロの火で蠟を融かして流し出し(これも母に嫌がられました)、鋳型を作るやり方です。

やがて、いくらかお金ができると、貴金属専用の溶融カップを2個買いました。電熱式のその装置は、黒鉛のるつぼの中で1~3ポンドの銅、銀、金を溶かしてくれます。融けた金属は、まるでモーニングコーヒーを注ぐように、直接鋳型に流し込めます。

鋳型は石膏でも作れますし、黒鉛を機械加工して作ることもできます。私はそのどちらも何度もやりました。けれども、特に鉄を鋳造する場合に最も一般的な方法は、作りたいものの形を木で作り、その木型の周りに鋳物砂を詰めて、砂型を作ることです。これがうまくいくのは、何度見ても驚きです。その秘密は砂にあります。砂には、形崩れしないように少量の粘土や有機結合剤が混ぜられているのです。

多くの工具は鋳造で作られています。cast iron(鋳鉄)と書かれていれば、文字通りそうです。鋳造はおおざっぱな形を作るのが得意で、パイプレンチのハンドルなどにに最適です。次ページの工具のように小型で精密な形状が必要な場合は、一般に鍛造した後に機械加工されます。

◀このような溶融カップはPID制御という高度な制御手法を搭載しています。PID制御は、融かされている材料の熱特性を自動的に測定し、温度を融点ちょうどまで(融点を超えないように)上昇させます。これにより、溶融する金属と加熱機構の両方が保護されます。

▼これは私が機械加工で作った最も複雑な鋳型です。チェーンの輪が組まれた状態になるようにひとつずつ鋳造し、つなぎ目のない完全なチェーンを作りました。

◀▲意外でしょうが、針金は鋳造から始まります。宝飾品職人は細長い鋳型(上左)に金属を流し、できたインゴットをローラーで伸ばしてさらに細長くし、最後にプライヤー(上右)でワイヤー引き出しプレート(左)の穴に順に通しながら引っ張って徐々に細くします。

▲私が亜鉛製の屋根の雨押さえの廃材を使って作った、最初の作品のひとつ。蠟で作った原型の周りに石膏を注いで型を取り、加熱して蠟だけを出し、できた鋳型に金属を流し込みました。蠟は再利用し、石膏は叩き割ったので、鋳型は残っていません。

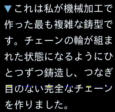

▶射出成形は鋳造の一形態で、液体(多くの場合融けたプラスチック)を圧力下で金型に押し込みます。私はこの小さい装置しか持っていませんが、通常の射出成型機はバスくらいの大きさです。

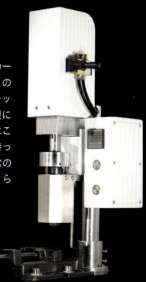

精密ドライバーセット

私は、小型精密ドライバーセットに対する並々ならぬ嗜好を——工具全般に対する並々ならぬ嗜好をさらに超える愛情を——自認しています。しばしば、過去に見たどれよりも優れた完璧なセットを見つけたと思い、しかし数ヵ月後か数年後には必ず別のもっと優れたセットが目にとまります。柄の根元（使う時手のひらに当たる部分）にボールベアリングで回転するスピナーが付いた快適なミニドライバーは、喜びの源です。

世の中に存在するねじの大半は頭がマイナスかプラスですが、他にも多くのスタイルがありますし、マイナスやプラスのドライバービットのサイズも豊富です。そのため、多様なねじへの対応を提供する、さまざまなドライバーセットが存在しています。

ドライバーセットには、ビットの種類の多さが売りのものもあります。世の中に出回っているドライバーでは対応不可能なねじを使ってユーザーをいらつかせようとするメーカーと、その邪悪なブランドからユーザーを解放せんとするドライバーメーカーとが軍拡競争を繰り広げ、新しいビットが数ヵ月以内に発売されます。最悪の場合、ドライバーは自作できます。私はかつて、Macを使う奴はいかれているとみなすドイツの小さな町に到着早々MacBookが故障し、緊急修理のために小さな五角星型ドライバーをヤスリがけで作ったことがあります。

なお、必要なビットが手に入らない時は、いつでも次のページの道具に頼れます。

▲これは今の私のお気に入りセットです。素晴らしいハンドルと文句なしのビット。MacBookとiPhoneに必要なものがすべて揃っています。美しさでは左ページのセットが勝りますが、役立ち度はこちらの方が上です。

▶ミニラチェットセットの愛らしさに誰が抵抗できるでしょう？

◀この携帯電話修理用ドライバーセットが与える深い満足感は、言葉ではあらわせません。ホルダーは、ドイツ製ベアリングを使ったイタリアのスポーツカーのホイールのように回ります。個々のドライバーの根元のスピナーの出来は完璧で、ドライバーにハンドスピナーが内蔵されたかのようです。

▼私が昔愛用していた精密ドライバーは、これに似た（つまり家電販売店に置いてあるような）ものでした。今ならこれがひどい品だとわかりますが、当時は知るよしもありません。こうしたドライバーが私の工房、自宅、オフィスのあちこちに潜み、深夜に這い出したり他の工具箱に紛れ込んだりしています。

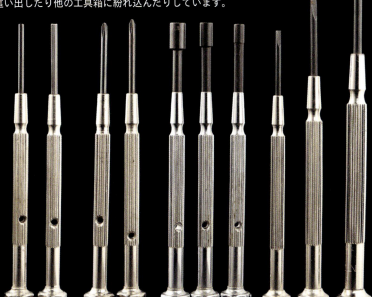

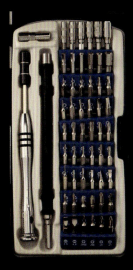

▲これはかなり長いこと私のお気に入りのセットで、いくつか買ってあちこちに置いてありました。ただ、ハンドルには不満がありました。

▲ドライバーは非常に安く作れます。フルサイズのものでもコストは1本数セントなので、こうした大型セットが20ドル以下で売られています。

ツルハシ、ピック、バール

ツルハシやピックやバールは、ものを作るためというより、主に破壊するため、あるいは少なくとも分解するための工具です。

私はチタン製ハンマーヘッドにはいくらでも文句を付けられますが、チタンのバールは話が別です。バールはこじ開けるために使うので、重さや特別な硬さは必要ありません。必要なのは強度だけで、それはまさにチタンの優れた持ち味です。同じ重さのチタンと鋼鉄を比べると、曲げや破断に対する抵抗力の点ではチタンの方がかなり強いのです（これは衝撃を受けた時のへこみにくさとは別で、こちらは鋼鉄より抵抗力が下です）。

チタン製のバールには、海中建設作業員という珍しいファン層があると聞いています。これは理にかなっています。チタンは腐食に強いだけでなく、鋼鉄製の工具よりも密度が水に近いからです。海面下100フィート（30m）で作業中に重い鋼鉄製の工具をうっかり落としたら、バラストの突然の喪失によって海面まで飛び上がる可能性があります。チタン製工具なら、そこまでバランスは崩れません。

バールやその仲間のこじ開け工具は、時に、ハンマー代わりにして叩くためにも使われます。左ページのハリガンバールは、ハンマーとして使う部分も備えています。しかし、何かをこじ開ける前にその工具を対象物に叩き込む必要があるなら、バールよりツルハシの方が良い選択です。その際は、硬度と十分な重量が重要なので、チタンではなく鋼鉄製でなければいけません。

◀古典的な鉱山用ツルハシは、岩を割ったり、割れた岩を土からこじり出したりするのに使います。

◀ハリガンバールは、これを設計したニューヨーク市の消防士にちなんで名付けられたバールです。ドア、窓、壁などあらゆる障害物を破壊して火災現場に入るために使われます。ハリガンバールは通常は鋼鉄製ですが、写真の軍用バージョンは鍛造チタン製で、軽くて丈夫で——高価です。ドアをこじ開けるバール、木を叩き割ったりぶった切ったりする鈍い斧、打撃全般を担当するハンマー、ゾンビを仕留めるための尖ったピックが装備されています。

▼レンガ用ハンマーは、レンガを打ち欠いて形を整えるために使われます。

▲このハリガンバールは長さがわずか6インチ（15cm）。実は工具ではなく栓抜きです。

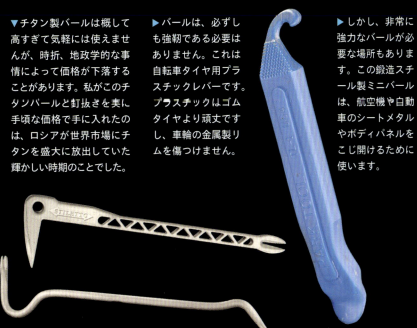

▼チタン製バールは概して高すぎて気軽には使えませんが、時折、地政学的な事情によって価格が下落することがあります。私がこのチタンバールと釘抜きを実に手頃な価格で手に入れたのは、ロシアが世界市場にチタンを盛大に放出していた輝かしい時期のことでした。

▶バールは、必ずしも強靭である必要はありません。これは自転車タイヤ用プラスチックレバーです。プラスチックはゴムタイヤより頑丈ですし、車輪の金属製リムを傷つけません。

▶しかし、非常に強力なバールが必要な場所もあります。この鍛造スチール製ミニバールは、航空機や自動車のシートメタルやボディパネルをこじ開けるために使います。

動力式釘打ち機（パワーネイラー）

動力式釘打ち機（パワーネイラー）は、木造住宅を建てる際の基本工具です。大型のフレーミングネイラーが構造材を接合し、フィニッシュネイラーはトリム〔内装の仕上げ材〕を固定し、ルーフィングネイラーはアスファルト製の屋根材を留め付けます。バッテリー内蔵のコードレス釘打ち機やガス式釘打ち機もいいですが、真の主力はエア式釘打ち機（圧縮空気が動力源）です。建設工事の音で目が覚めたことがあって、音の源が削岩機でなかったら、たぶんエア式釘打ち機でしょう。

エア式釘打ち機は機械として非常にシンプルで、トリガーで圧縮空気を大口径シリンダーの上部に送り込み、ピストンを釘に叩きつけます。あとは、釘を次々と供給して目的の場所に打ち込むという、定型的な作業です。部屋中に乱射してはいけません（釘打ち機の基本的な特徴として、先端部が何かの表面に押しつけられない限り釘は打ち出されません。2022年の映画『KIMI／サイバートラップ』には、ヒロインがダクトテープで先端部を押し込んだ状態に保った釘打ち機で悪党に反撃するという、半分現実半分虚構の珍しいシーンがありました）。

ステープルタッカーは釘打ち機と似た構造で、釘のかわりにステープル〔ホッチキス針の大きいもの〕を打ち込んで薄い素材を留めます。家具メーカーがソファや椅子の木枠に布を留める際に多用します。電動タッカーは、布や紙や住宅外壁下地用シートを壁に取り付けるぶんには問題ありませんが、ホームセンターで売られているものはそれ以上の用途には力不足です。エア式タッカーはそれよりかなり強力で、大型のものなら小型のエア式釘打ち機と同等の力があります。そのため、釘1本よりもステープルの2本の足で留められるというメリットが得られます。

◀最も小さい釘を打つのがブラッドネイラーで、このフィニッシュネイラーはそれより少し大きい釘用です。どちらの釘も頭部がとても小さく、その形を生かして活躍します。

◀このバッテリー駆動のフィニッシュネイラーは、モーターでシリンダー内の空気を圧縮し、それを一気に放出して釘を打ちます。つまり、コンプレッサー内蔵のエア式釘打ち機です。電気コードもエアホースもなくて便利ですが、かなり重量があります。

▲私はこのエア式タッカーで、庭の木製フェンスパネルを固定しました。釘では強度が足りず、ねじでは時間がかかりすぎます。DIYにせよ工場生産にせよ、木製フェンスにはステープルが最適です。

▲電動タッカーはホッチキスが大きくなっただけで、使うステープルもホッチキス針と形は同じです。

◀フレーミングネイラーは一般的に使用される最も大きな釘打ち機です。木造建築用の3〜4インチ（75〜100mm）の釘を楽に打ち込みます。

◀フレーミング（骨組み）に使う大釘の多くは、釘打ち機用連結釘の隙間を小さくできるよう頭が半円形ですが、写真のように頭が円形の連結釘もあります。ただ、釘を装填する回数が増えます。

ノミ、たがね、彫刻刀

木工愛好家が最も目を輝かせる道具は、ノミ類（チゼル）とかんなです。しかし私自身はどちらもあまり使いません。たぶん性格的な問題でしょう。ですから、一般的な木工用ノミはあまり取り上げず、自分が魅力を感じる変わり種に焦点を合わせることにしました。

ナイフとノミの違いは、ナイフの刃は一般に表と裏の両面が研がれているのに対し、ほとんどのノミは片側だけを研いで刃が作られている点です。残りの面は完全に平らです。これが重要なポイントです。なぜなら、ノミを木材の表面に平らに当てて動かした時、ごくわずかでも飛び出しているものがあれば、削り落とすことができるからです。また、ノミを木材に対して垂直に使い、穴（一般にほぞ穴と呼ばれる）の側面を完全にまっすぐ平らにすることもできます。

ノミの仲間には、金属や石材用の荒っぽいものもあります。たがねは鉄を切るために使われます。レンガたがねはレンガを削り、石工たがねは岩やコンクリートを削ります。たがねはノミに比べて刃が鈍いのが特徴です。切削工具というよりは打撃工具といえます。

ノミの刃先を限界まで細くして先端を点にすると、次のページの工具になります。

◀たがねはノミより鈍く、粗野です。

▲幅の広いたがね。レンガを割るためのたがねです。

◀この彫刻刀は、シュタイナー学校の哲学にどっぷり浸って育った私の母の遺品です。その哲学は、かなりの数のナンセンスな内容と並んで、手工芸の平等と尊厳を強調しています（母が木彫を、私が編み物を身につけたことは、それで説明がつきます）。

▶シュタイナー学校の卒業生特有の彫刻様式は、私がスイスで過ごした子供時代を思い出させます。この箱はたぶん母の作品ですが、違ったとしても、母は同じ箱を簡単に作れたはずです。

◀ノコギリやドリルの場合と同様、骨用のノミも、驚くほど木材用のノミに似ています。違いは、ステンレス製で細菌が潜める隙間も継ぎ目もないという点だけです。

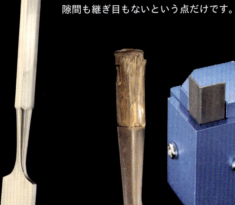

◀木工用ノミは非常に鋭利でなければならず、最高級品であっても、切れ味を保って快適に使うためには頻繁に研ぐ必要があります。この安いセットならなおさらです。

◀▲ルーター（94ページ）で木に四角い凹部を作ろうとすると、角は必ず丸くなります。コーナーチゼル〔刃が直角のノミ〕は角を直角にする道具です。左は伝統的、上は近代的な製品です。

▲シャベルはいわば土を掘るノミで、ノミがほぞ穴を切るのと同じように地面に穴を掘ります。つぎはぎの修理を重ねられてきたこのシャベルの愛すべき姿たるや。

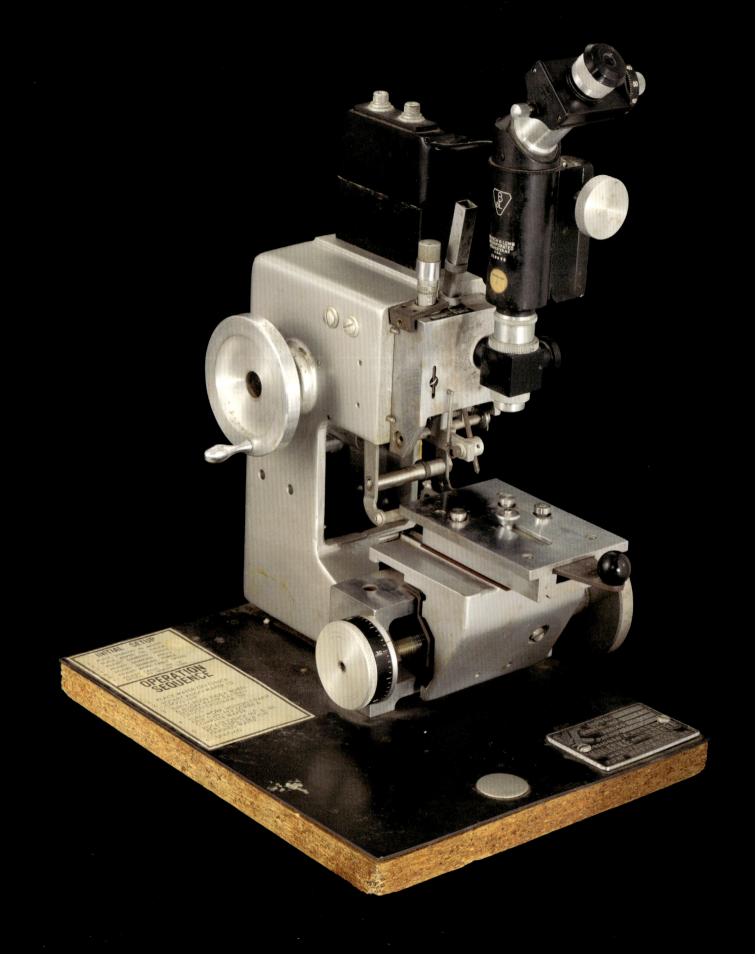

スクライバー（ケガキ針）と千枚通し

　千枚通しは、木、革、プラスチック、金属などの素材にひっかき線を引いたり、穴をあけたりするための道具です。シンプルな丸い棒の先が鋭く尖っており、直定規に沿って線を引いたり、穴を開ける場所に印をつけたりする目的でよく使われます。軟らかい素材や薄い素材なら、千枚通しで貫通穴をあけることもできます。革によく使われる裁縫用の千枚通しは先端に針穴のような穴があいていて、あけた穴に糸を通すことができます。

　千枚通しの柄が丸みを帯びた形をしているのは、ノミのようにハンマーで叩くのではなく、手で使う道具だからです。ひっかくよりも穴をあけることが主目的のものは、手で押す部分の面積が広く、手のひらにフィットするような形状になっています。

　左ページの装置は、想像しうる限り最も精密な"千枚通し"のひとつです。もちろんこれは千枚通しとは呼ばれませんが、機能的には千枚通しと小型フライス盤をかけ合わせたものに近いと言えます。これは、シリコン・マイクロチップのウェハー・スクライビング・マシンです。バネ仕掛けのアームに、非常に細いダイヤモンドのスクライバー（ケガキ針）が付いています。機械のその他の部分は、ウェハー上の個々のチップの区切りにスクライバーを正確にあて、2列のチップの中間線上を走らせることだけが仕事です。これによって引っかいたような線が残り、チップを切り離すことができるのです。いわば、世界で最も正確なガラスカッターです。

▲この2つはタイヤのパンク穴を修理するための工具です。まず、ねじ錐で穴の内側の面を整えるとともに、その表面を荒らします。次に、革用千枚通しに似たもうひとつの工具で、接着剤を付けたゴムのプラグをその穴に押し込みます。

◂このシリコンウェハー・スクライビング・マシンの顕微鏡接眼レンズには可動式のレチクル（十字線）があり、調整ノブには8000分の1インチ（0.003mm）間隔でインデックスマークが付いています。なぜ1万分の1ではなく8000分の1？　人生は、検索するのも億劫になるほど多くの謎に満ちています。

▾ここに並ぶ千枚通しは、スクライビング、マーキング、穴あけ用です。

▸この工具は、先端が千枚通し、その次がねじきり錐（木工用ドリル錐）、その下は丸やすりになっています。一般に、木や革に穴を開けたり、穴のサイズを広げたりするために使われます。

◂これは現代の革縫い用千枚通しですが、機能的には何千年も前の革縫い道具と変わりません。

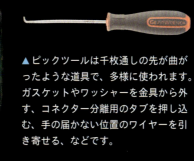

▲ピックツールは千枚通しの先が曲がったような道具で、多様に使われます。ガスケットやワッシャーを金具から外す、コネクター分離用のタブを押し込む、手の届かない位置のワイヤーを引き寄せる、などです。

ルーター

ルーターとフライス盤は、操作は似ていますが、スケールが異なります。どちらも、切削ビットを保持するコレットにモーターが接続されています。どちらも、ビットにかかる強い横方向の力を支えるように設計されている点がドリルとは異なり、真下だけでなくあらゆる方向への切削ができます。

ルーターは木材やプラスチックに使用する手持ち工具で、フライス盤は金属に使用する大型の固定工具であるということが、両者の違いです。そのため、重量は1000倍、価格は100倍ほど違います。ルーターがコンピューター制御のフレームに取り付けられ、自動的に位置を変えるようになっている場合（CNCルーターと呼ばれます）でも、装置は同サイズのフライス盤よりずっと軽量です。

手持ちのルーターは多目的に使えて、木工所に不可欠な工具です。木材の端をはめ込む「大入れ」、ほぞ穴、蟻ほぞ穴を作ったり、角を丸めたり、その他さまざまな一般的加工ができます。ビットは鋭利で高速回転し、木はそれほど硬くない素材なので、ビットを押すのにたいして力は要りません。つまりルーターでの作業は重労働ではありません。それよりも重要なのは、慎重に誘導し、滑ったりテンプレートから外れたりしないようにすることです。

ルーターのモーターは相当に高度です。手持ち工具に収まるよう軽量かつ小型でなければならず、さらに、一般に1〜3.5馬力（0.75〜2.5kW）の出力が求められます。これだけのパワーを実現するため、すべての電気部品は目いっぱいの性能を発揮し、そのうえで、次ページで紹介するような電気系統メンテナンスツールによる手入れが必要になります。

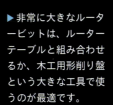

▶非常に大きなルータービットは、ルーターテーブルと組み合わせるか、木工用形削り盤という大きな工具で使うのが最適です。

▼ルーターの多用途性の鍵はビットにあります。汎用の面取りビットから、しゃれたエッジ加工用、接合部用の専門的パターンまで、無数のビット形状があります。

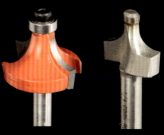

◀板の真ん中から削りはじめたい時はプランジルーターが適しています。数年前、私の農場からこれと同じものが盗まれましたが、幸い、オークションで同じ機種を入手できました。蛇腹で削りくずから守られているスライドのおかげで、ベースプレートの位置よりどれだけ下まで削るかを望み通りに決められます。

▼乾式壁用のルーターは超高速で回転し、小さなスパイラルビットを使って石膏ボードに穴を開けます。石膏ボードはドライバーで穴を開けられるくらい軟らかいので、ルーターの誘導も楽です。

◀基本的なルーターは、先端にビットが付いたモーターと大差ありません。

▶幼児を持つ親に聞けばわかりますが、あるブランドの木製の列車のおもちゃは、高品質なだけに値も張ります。でもこのルータービット・セットを使えば、木材を切ったり削ったりして追加の線路パーツを自作することが可能です。

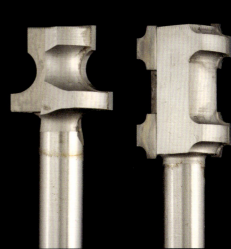

ワイヤーカッター

最もシンプルなワイヤーカッターは鋏(はさみ)に似ていますが、ハンドルと刃のてこ比が大きく、鋏よりパワーがあります。電気配線用のワイヤーカッターでスチールワイヤーを切ってはいけません。刃にスチールを切るほどの硬度がないため、刃こぼれしてしまい、欠けた刃をヤスリか砥石で研ぎ上げるまでは決してスムーズに閉じないからです(今のところ私は身をもってこの教訓を学んだことはありません)。スチールケーブル(小径なら航空機用ケーブル、大径ならワイヤーロープと呼ばれます)に使えるカッターは、硬化鋼でできたかなり厚いあごを持っており、普通のワイヤーカッターよりもはるかに高価です。

ワイヤーカッターは通常、ビニールの絶縁被覆を慎重にむいて電線を露出させるために、刃に1ヵ所以上のストリップ〔皮むき〕用の穴があります。被覆をむく際の目標は、中の金属線を傷つけないことです。さもないと、断線したり、傷の箇所でオーバーヒートしたりします(私が昔持っていた電気ミニカーは、被覆のむき方が間違っていたせいでモーターのリード線が全部きれいに融けて、両端に銅の小さな塊が残るだけになってしまいました!)。

▲本当に太いスチールケーブルを切断するのが、この工具(とそれを叩く大ハンマー)です。

▶自動ワイヤーストリッパー〔皮むき器〕は、一定の長さの絶縁被覆をむきます。作業速度は速いのですが、ワイヤーを避けて歩かねばならなかったり、散らばった絶縁体の破片を掃除したりするのは面倒です。

◀大径で絶縁被覆が紙のケーブル(紙だけでなくゴムでも絶縁されています)には、この珍しい形のプライヤーが必要です。これなら中のワイヤーを傷つけずに絶縁体をむくことができます。

◀各種のワイヤー径に対応したストリップ用穴が付いたモデル。鍛造の刃と高品質の機械加工ジョイントを備えています。間違ってスチールワイヤーに使うと高くつきます。

▲ホームセンターで売られている大径のワイヤーロープ(スチールケーブル)を切断するための工具。柄が長く、オウムガイのような興味深いラチェット機構でてこの強さを変えられます。硬化鋼のあごの分厚いこと!

▲ロメックス(非金属被覆の電線)用のケーブルカッター。折れ曲がった先端部で外側の被覆をむき、直線部分のストリップ用穴で個々のワイヤーの皮むきをします。

◀このワイヤーロープカッターは、大きさこそ一般的なワイヤーカッターと同じくらいですが、太さ4分の1インチ(6mm)のスチール製航空機用ケーブルを難なく切断します。

▲この愛らしくて少々謎めいた道具は、太いゲージのケーブル用の皮むき器です。ケーブルの端をぴったり合う直径の穴に入れて、コルク抜きのように工具をひねると、内部の小さなノミの刃が絶縁被覆をらせん状に切って外へ送り出します。

▲ワイヤーカッターそっくりなのにワイヤーカッターではない道具。犬の爪切りです。

枝切り・剪定鋏

　鋏、スニップ（作業鋏）、ワイヤーカッター、ニッパーは、2枚の刃の厚さ、鋭利さ、形状が似ている傾向があります。それに対して枝切り・剪定鋏は、片方の鋭利な刃が、鈍い刃やむしろ金床（アンビル）に近いもう1枚と組み合わさって切断します。鋭い刃と鈍い刃が鋏のようにすり合うのがバイパス式、1枚の刃が金床に打ち下ろされるような形になるのがアンビル式です。

　バイパス式剪定鋏は、多くの場合、枝の間に入り込むことができる幅が狭く厚みのある鈍い刃と、実際の切断を行う鋭利で広幅の刃を持っています。生木に対しては、組織を押しつぶさないよう、鋭利な刃を使うことが重要です。枯れた枝の場合は、歯がねじれにくく、刃と刃の間に隙間ができたりもしないアンビル式の方が向いていることが多いとされます。

　バイパス式の刃を何組も横一列に並べると、いわゆる草刈りバリカンになります。草刈りバリカンの仲間は、幅がわずか半インチ（1cm）以下の鼻毛カッターから、トラクターに取り付けて使う幅数メートルの刈払機まで、多様なサイズがあります。

▲この「マイター・シャー」は実際はアンビル式の鋏で、軟らかいシート、丸棒、角材を比較的正確な角度で切断します。

◀刃がチェンソーの枝切り！　ホラー映画でこの道具を使わなかったハリウッドは、惜しいトリックを逃したと思います。可能性がどれだけ広がったことか。

▲バイパス式剪定鋏は、生木を切るのに適しています。

◀アンビル式の剪定鋏で生きた枝を切ってはいけません。切り口の組織をつぶしてしまうからです。

▼私たちは電動式のバリカンや髭トリマーにあまりにも慣れているので、同じメカニズムが完全手動で働くのを見るのは驚きです。

▶アンビル式切断具の変種。刃ではなく細長い電熱帯が付いていて、ビニール袋の口の熱圧着とカットを同時にしたり、アルミ蒸着風船のヘリウム注入口を閉じたりします。

▼趣味で農場を経営している私のような人間にとって、ガス駆動式の草刈りバリカンはとても便利な道具です。刃が左右に傾くので、凸凹のある地面でも簡単に進み、太さ1インチ（約1.5cm）までのものを安定したリズムで伐り払います。だから、幼児が近くにいる時は使用禁止です。

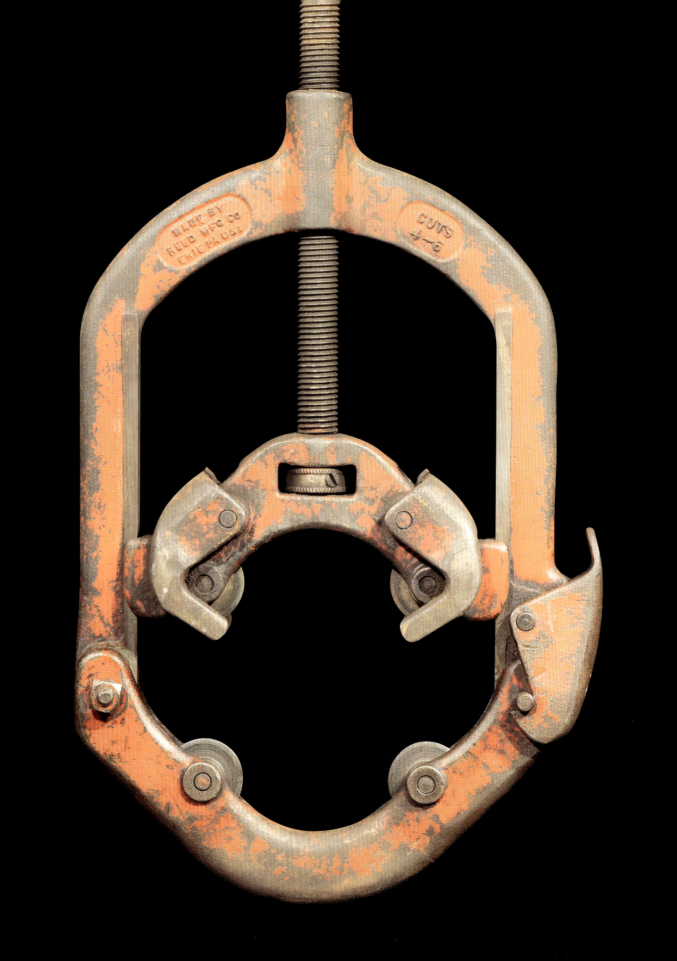

パイプカッター

　パイプは一般に、ただの棒を切断するのと同じようにしてハックソーで切断できます。しかし、銅管や鉄管の場合は、外周から内側に向かって切断していく巧妙な工具を使う方が賢明です。その工具は、まずパイプの外側を一周するように浅く切れ込みを入れ、徐々にそれを深くしていきます。最終的にパイプの内壁まで刃が到達すれば、切断成功です。この方法ならば切り口は滑らかですし、工具の性質上、切断面は常にパイプに対して完全に垂直になります。（工具がパイプの中心線に対して正確に垂直に当たっていない場合は、同一の線上を徐々に深く切っていくかわりにパイプの周りを螺旋状に移動してしまい、非常に困ったことになります）。

　パイプカッターは通常、片側に硬化鋼またはタングステンカーバイドの切断ディスクが1枚あり、反対側に滑らかに回るローラーが1対付いています。パイプをこのディスクとローラーの間にはさみ、工具をパイプの周りで回転させると、両側からゆっくりと締まり、回転するたびに少しずつ深く切れていきます。

　右の写真の工具は、4つの切断ディスクとそれらを同時に押すウェッジ機構を持つという珍しい設計です。パイプの直径の割に壁の薄い自動車のマフラーを切断するために使われます（刃が1枚のパイプカッターを使うと、パイプが切れずに歪んでしまうことがよくあるためです）。

　一方、鋳鉄製の排水管は、非常に硬いのですが同時にとても脆いため、切断用ではない工具で切ることができます。その専用工具でパイプをぐるりと囲む複数の箇所を強く押せば、パイプが突然割れるのです。

◀この自動車のマフラー用カッターは通常のパイプカッターに比べて繊細で、4枚の切断ディスクを備えています。あごでパイプをはさむと、四方から刃がパイプに食い込みます。

▼このパイプカッターはバイパス式剪定鋏のように働きます。プラスチックの水道管やホース、ゴム管など、直径1〜2インチ（25〜50mm）の管状のものを切断する際に使います。

◀このカッターは大径（4〜6インチ、100〜150mm）の鋼管用で、4つの切断ディスクと、非常に強い圧力をかけることができるフレームを備えています。

▲このカッターの刃を支持する長いバーは、標準的な設計よりも素早く調節できますが、強度の関係でプラスチックや肉薄の金属パイプにしか使えません。

▶手作業で切る方が早いのに、なぜ電動工具を使う必要があるかって？手作業でのパイプ切断を100回も続けると、手が疲れるからです。

▶チェーンレンチにカーバイドの切断ディスクを足した、鋳鉄製排水管の切断工具。天然石販売店でジオード（晶洞石）を割る時にも使われています。

▲このとても小さなパイプカッターは、小径の銅パイプや、パイプの周囲にスペースがほとんどない場所での作業に最適です（パイプは壁面に密着するように何本かが隣り合わせに配管されることも多いので、スペースが小さいことはよくあります）。

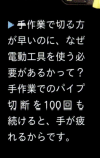

▶ネットオークションで入手した頑丈なパイプカッター。届いてみたら、ホーム・デポをスポンサーとする有名なレーシングカードライバーのトニー・スチュワートのサイン入りでした。

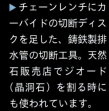

◀ジオード（晶洞石）は割ってみるまで中の様子がわかりません。大きさの割に軽いものを探しましょう。中空の面白い石は、当然、中まで詰まった石より軽量です。

101

ボウソー（木工用弓ノコギリ）

木工用弓ノコのひとつであるバックソー（左ページ）は、押しても引いても切れる設計の大きな歯を持っています。薪作りや樹木の枝打ちといった大雑把な作業用のノコギリで、骨董品店や工具コレクションでもよく見かけます。目につくたびに買っていたらきりがありません。私は今6本ほど持っていますが、バックソーが欲しくて買ったのは1本だけです（残りは、オークションで「ひと山まとめて」や「壁に掛かっているもの全部」という形で出品されたものを競り落とした時に、目当ての品と一緒に付いてきただけです）。

この設計の人気の秘密は何でしょうか？ ノコギリの刃の構造には本来的にせめぎあいがあります。刃は薄くあってほしい、なぜなら、厚ければそれだけ、刃が切り込むスペースを作るために削る材料の量が増える、しかし同時に、刃は作業に必要な剛性を確保できる厚さがなければならない——ということです。このジレンマを避けるひとつの方法が、一種の伸縮フレームで刃に張力をかけることです。どんなものでも（たとえロープでも）十分に強く張れば剛性が出ます。ノコギリの刃の両端を強く引いて張れば、素材の引張強度が許す限り薄くできます。

65ページで見たハックソーや、非常に細く薄い刃を持つ糸ノコギリも、同じ仲間です。これらのノコギリは、制御しやすいように引いて切ります。薄い材料を曲線で切ったり、モールディング（繰形）をきれいに接ぎ合わせるために使われます（繰形継ぎは言葉だけでは説明しにくいので、"cope molding"でウェブ全体から動画検索して下さい）。

弓ノコや糸ノコには、フレームの深さ以上には木材を切れないという欠点があります。そのためにはジグソーが必要です。

▶糸ノコギリにモーターを付けると、原始的な糸ノコ盤ができきます。

◀糸ノコは、非常に薄い刃をC字型のフレームで強く引っ張ります。似たような形状で、C字部分の懐が非常に深く、刃が非常に細いこの写真のようなものは、フレットソーと呼ばれます。

◀古典的なアンティークのバックソー。素朴な田舎をコンセプトにしたレストランの壁をよく飾っています。

◀庭仕事や、樹木の枝打ちに使われる近代的な弓ノコ。大きさの割にとても軽量です。

▶変わり種の手持ち式電動糸ノコ。オプションのテーブルと組み合わせると、糸ノコ盤になります。

▼エレガントなカーブを描く、ステンレス製の弓のこ。食肉解体業や精肉業用です。

ジグソー

　ジグソーは、電動工具の中で最も人気のあるカテゴリーのひとつです。安価なモデルでも、形状、重さ、機能などの点で多くの選択肢があります。上級モデルになると、速度調節ダイヤルと、刃が上下動しながら前後に振動するかどうかを選ぶつまみが付いています。ジグソーは、単純な曲線から複雑な曲線まで切ることができ、適切に使えば非常に使いやすい工具ですが、正しく扱わないと木に食い込んでガタガタ暴れることもあります。

　ジグソーを使う上で重要なのは、安定した力で板材に押し付け続けることです。そうすれば工具が浮き上がったりねじれたりしません。たいていのジグソーの刃は、上向きに動いている時に切断します。これは工具を木材と接触させ続けるのに役立ちます。欠点は、木の上面にバリが出やすいことです。簡単な解決策は木材を上下逆さに置くことですが、それができない場合のために、下向きに動く時に切るリバース刃もあります。この刃は、作業者が下向きにかける力をもっと増やして木材との接触を保つ必要がありますし、当然、木材の下側の面にはバリが出ます。

　以前の私は今よりもジグソーをよく使っていました。使用頻度が減った理由は簡単で、大型レーザーカッターを買ったからです。厚さ2分の1インチ（12mm）以下の木やプラスチックを複雑な曲線で切るのに、これ以上の道具はありません。糸ノコや糸ノコ盤や帯ノコも同様で、今でも時々使うことはありますが、ノコギリの領分の多くはレーザーカッターが引き受けています。

　ジグソーは曲線を切るのが得意です。直線を切りたければ、必要なのは丸ノコです。

▲一見するとテーブルソーか糸ノコ盤のように見えますが、よく見ると、これは特大のベースプレートを備えた逆さジグソーだとわかります。標準的なジグソーの刃が、盤の下から突き出ています。

◀見た目どおり高級品ではありませんが、スムーズかつ正確に動き、使っていて楽しいジグソーです。

▼バッテリー駆動のジグソーは、家の中や周囲での気軽な切断に最適です。他のタイプの電動ノコギリと比べると電力消費が少なめで、バッテリーが長持ちする傾向があります。

▲ミニチュア・ジグソーは、模型作りや美術作品制作用です。

▲このモデルにはろくでもないノブが付いていて、作業者に切る素材とカットの種類を選択させ、それに従って刃の動きの種類を勝手に設定します。そのため、自分でうまくいくとわかっている動きをそのまま設定することができず、かわりに、工具設計者の頭の中を推理して、自分の望む動きを設計者がどの素材に割り当てたかを割り出さねばなりません。

▶ジグソーの刃には多くの種類があり、ハックソーの刃と同様、消耗品とみなされています。このセットは、それぞれの刃について適合する素材が表示されている点が親切です。

丸ノコギリ

　丸ノコギリは、その名の通り、普通のノコギリの歯が円盤の周の部分に並んでいるものです。丸ノコギリには、刃が常に同じ方向に進み続けるという、円形ならではの大きな利点があります。押す／引くという往復運動ではないため、コントロールしやすく、動作がスムーズです。

　手挽きノコギリの種類ごとの歯の違いは、丸ノコにも当てはまります（67〜69ページ参照）。速く大雑把な切断には大きな歯、滑らかで精密な切断には多数の小さな歯、レンガやタイルやコンクリートが相手なら研磨剤やダイヤモンドの歯が必要です。ただ、丸ノコの歯は、手挽きノコギリよりも桁違いに高速で動作し、はるかに長期間使用され、ずっと多くの材料を切断する傾向があるため、求められる条件がはるかに厳しくなります。

　丸ノコギリの刃には鋼鉄製のものもありますが、超硬つまりタングステンカーバイドの歯が付いたものがおすすめです。鋼鉄歯よりもずっと長持ちし、自分でダイヤモンド砥石で（または研ぎサービスに持ち込んで）研ぐことができます。カーバイドの歯は、アルミニウムや真鍮だけでなく、あらゆる種類の木材も切断してくれます。鉄筋を切断できる頑丈なカーバイド刃すらあります（鉄筋は、カットオフソーに研削ディスクを付けて切断する方が普通です）。

　丸ノコギリは、木工や建築関連のどんな作業をする人にとっても基本的な工具で、まず最初に揃えるべき電動工具のひとつです。

◀ガス式の大型丸ノコは、解体用ノコギリとして知られています。これは、私の地元の消防署が、燃える建物への突入口を迅速に切り開いたり、車に閉じ込められた人を救出したりするのに使っている工具です。

◀奇妙なこの工具は、リーチの長い小型丸ノコギリです。出どころはある有名なレーシングカー製作者の遺品で、おそらく車のボディシェルを作るために金属板を切断する際に使ったのでしょう。

▼数十年にわたり私の工房の主軸打者を務める丸ノコ。最近では、フェンス用の4×4インチ（10cm角）の柱を何十本もコンクリートに埋め込んだ後、その上部を切り落とす作業に使いました。

▶小型の丸ノコは合板パネルの切断に便利です。パネルの向こう側の端まで腕を伸ばして使っても苦にならないほど軽いからです。薄い材料を切るのに大きな刃は必要ありません。

▲近頃のバッテリー式丸ノコは驚くほどパワーがあります。さほど高くない製品でも、十分な性能を持っています。ただ、バッテリーを交換せずに一日中使えると思ってはいけません。

◀このスタイルなら、リーチが少し伸びます。

107

接合用ノコギリ

　木材のはめ込み接合用の溝を切るためのwobble dado（ワブル デイド）という工具があります。しかし、うかつに手を出すとあなたの手がちぎれます。まずは、dado（デイド）（大入れ）が何かを説明しましょう。

　大入れとは、木材に別の板の端がぴったりはまるように切った溝のことです（ほぞ穴と違い、板の小口全体をはめ込みます）。本棚、引き出し、箱、キャビネットなどでよく見られます。最も速く最も正確に大入れを切る方法は、望みの幅の刃を持つテーブルソーや形削り盤（シェーパー）を使うことで、工場で生産する場合はこの方法がとられます。必要な溝幅ごとに、刃やビットが用意されています。

　アマチュアの自宅工房では、フルサイズの丸ノコ刃2枚の間に、2つの歯を持つ「チッパー」という刃をはさむ「スタック式デイド」が実用的です。溝の幅を広くしたければ、必要なだけチッパーを追加すればよく、さらに、チッパー同士の間に薄い金属製シムを入れれば、幅の微調整が可能です。これらはそれほど高価ではありませんし、比較的安全で、使い勝手も悪くありません。けれども、もっと手軽なものが欲しい、安全かどうかは気にしない、という場合はどうでしょう？　そんな時こそ、ワブル・デイドの出番です。

　ワブル・デイドは、wobble〔ふらつく、よろめく〕の名の通り、1枚の刃が回転軸に対して斜めにふらついて回り、幅のある溝を作ります。今はもう生産されていませんが、オークションやガレージセールで簡単に見つかります。しかし、見つけろとは言いません。生産されなくなったのには理由があります。木材をはね飛ばしてしまう可能性が高いのです。

▶お金の心配がなければ、溝の幅ごとに別々の刃を用意して大入りを切ることもできます。写真の4点は、水平フライス盤で鋼鉄に溝を切るための特別に頑丈な刃の例ですが、木材でも原理は同じです。

◀大きくて分厚いカーバイド製の歯を持つワブル・デイド。当時はしゃれた工具でした。使い方はwobble dadoをウェブ全体から動画検索して下さい。

◀スタック式デイドは——高速回転するナイフの刃を安全と呼べる程度には——安全で、効果的な溝切り工具です。

▼形削り盤（シェーパー）用の刃をデイドの刃の代わりにテーブルソーに取り付けても、木材（または指）をいろいろな面白い形に削れますが、指が大事ならルーターか形削り盤を使いましょう。

◀このワブル・デイドの歯が折れて目に飛び込んでくるまでどれくらいかかるでしょう？

▲かつては、こうした溝切り専用ノコギリを使って手作業で大入れを切っていました。なんと哀れな。

▶装飾パターンを切り出すためには、形状ごとに高価な専用刃を揃えたセットがあります。

109

リーマ

　リーマは、既存の穴を最終的な寸法まで拡げたり、望みの形にしたりする工具です。穴を穿ってその際に出るたくさんの削りくずを排出することと、穴の形を正確に整えることは、まったく種類の違う作業で、同時に行うのは困難です。だからリーマが必要なのです。ドリルビットは、穴をあけつつ大量の削りくずを素早く取り除くのに適していますが、本来的に精度が低く、また、削りくずが大きいぶん穴の内壁は荒れた状態になります。

　リーマの刃は、よりゆっくり、より正確に加工できるように設計されています。リーマは、ドリルなどであけた穴の内壁をほんの少し削って、その表面を滑らかにするための工具です。

　テーパー（円錐状）の穴や、より複雑な形状の穴をあけられるように設計されたリーマもあります。私はたとえば、大腿骨をくり抜いて人工股関節の先端を差し込むための、非常に特殊なテーパー形状の穴を穿てるように設計された骨リーマを何本か持っています。

　一方、パイプリーマは、パイプを切断した後でバリを取り除くだけが仕事です。パイプの端が、滑らかでわずかに面取りされた状態になり、次ページの工具でねじ切りを行う準備が整います。

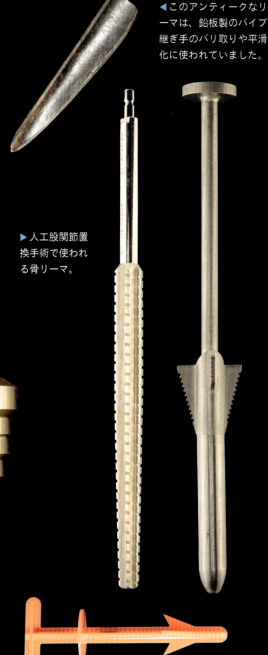

◀このアンティークなリーマは、鉛板製のパイプ継ぎ手のバリ取りや平滑化に使われていました。

▶人工股関節置換手術で使われる骨リーマ。

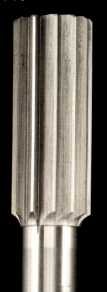

◀信じる信じないはあなたの自由ですが、これは対ゾンビ用脳天スパイクではありません。直径2インチ（50mm）以内のパイプ用の、ラチェット式スパイラルパイプリーマです。

▼フライス盤で使用されるこのようなリーマは、ドリルで開けた穴を正確な直径に調整し、内壁をとても滑らかにしてくれます。

▲手持ち式リーマは、究極の精度を求めるというよりは、単に既存の穴を拡げたり、バリや粗い部分を取り除いてきれいにしたりするためのものです。

▲ステップドリルと呼ばれるこのタイプのリーマは、薄い板金にしか使えませんが、1本のドリルで十数種類の直径の穴を作れることは大きな利点です。らせん状のものは、見た目はクールですが、まっすぐなものほどの出来栄えは得られません。

▲私が不運にも出会ってしまった、最悪の「リーマに似た形の道具」。用途は全然違います。Butt Out 2（バット アウト ツー）という道具で、ハンターが仕留めた鹿を解体する時に使うとだけ言っておきます。

11

ねじ切り工具

　金属に穴を開ける大きな目的のひとつが、めねじ（雌ねじ）切り加工、つまり、穴の内側にねじを受けるための溝を切ることです。この作業には、作りたいねじ穴の直径とピッチ（ねじ山の間隔）に合ったタップ〔ねじ切り用工具〕を使います。

　サイズ表を見て適切なサイズのドリルビットで穴を開けた後、タップを穴にねじ込みます。逆回転させてタップを引き抜けば、めねじ穴の出来上がりです。タップは最初に正確にまっすぐねじ込むことが大切で、さもないと、間違った向きに進む「酔っぱらいねじ」になってしまいます。タップの切り始めを間違えたまま続行したり、良い切削油を使わず、削りくずが適切に排出されないまま作業をしたりすると、タップを壊してしまいかねません。

　タップは、先端のテーパー状の「食い付き部」の歯は小さく、5〜6回転分かけて、徐々にねじ山を切る部位の径に達します。止まり穴（反対側まで貫通しないねじ穴）の底までねじを切る必要がある場合は、まず通常のタップでねじ切りをし、次に止まり穴用のタップで最後まで全径を切削する必要があります（最初から止まり穴用タップを使うことはできません）。

　めねじ切りとペアになる作業が、おねじ（雄ねじ）切りです。棒の外側を切削してねじにしたり、パイプを管継手にねじ込めるよう、パイプの外側にねじを切ったりします。おねじ切りには、ねじ切りダイスと、大きな力でダイスを回すことができるハンドルを使います。

▶ 手動式タッピングマシン。タップを穴に対してまっすぐに保つことができます。

◀ パイプ用ねじ切りダイスはわずかにテーパー（円錐）状になっており、これでねじ山を作ると、おねじ部分の先端が細めで根元に近づくほど太い形になります。そのパイプを継手にねじ込むと、だんだんねじがきつく締まり、それ以上回らなくなれば（望むらくは）水漏れしなくなります。

▶ 多様なサイズや様式のタップハンドル（右と右下）。

◀ レギュラータップは少し細めの先端から徐々に必要な径へと進みます。

◀ 止め穴用タップは、止め穴の底まで同じ径のねじ山を切ります。

◀ 継手の内側にめねじを切るパイプタップ。パイプ外周にねじを切るダイスと同様、テーパー状です。

◀ スパイラルタップ。

◀▶ ダイスにも、タップ同様に多様なサイズがあります。左の大きなものはパイプ用です。

113

コードレスドリル

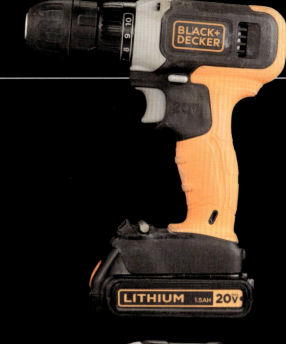

初めて世に出た頃のバッテリー駆動ドリルは、重いうえにパワーがありませんでした。ニッケル・カドミウム（ニカド）電池は容量が不十分で、ブラシ付きモーターは大きく、発生するトルクは交流電源ドリルの安物にすら及びませんでした。しかし、それはすべて過去の話です。

携帯電話やノートパソコンにも搭載されているリチウムイオン電池は軽量で、何時間もドリルを酷使したり、何日間も軽作業をしたりするのに十分なエネルギーを蓄えておけます。超強力なネオジム磁石を使うブラシレスモーターも、同様に軽量でパワフルです。（ドローンや電気自動車を可能にしたのも、リチウムイオン電池とブラシレスモーターです。）

今では、安いコードレスドリルでも、自宅の建築まで含めた一般的な用途のほとんどをこなすのに十分なパワーを有しています。高価なモデルになると、より大きな出力、より長いバッテリー駆動時間、より正確なトルク・クラッチ、ハンマードリル機能、ユーザー心理を読んだ高度なキーレスチャックなどの贅沢な性能が満載です。コードレスの利便性を考えれば、コンセントにつないでコードを引きずる電動ドリルを使う理由は、コスト以外にはほとんどありません（工場の生産現場や非常にハードな穿孔は話が別です）。

さらに、あらゆるコードレスドリルは電動ドライバーとしても使えます。多くのドリルには2〜3段階の回転速度があり、穴あけ用には高速、ねじ回し（または大径の穴あけ）用には低速を使い分けられます。こうした工具は通常「ドリル／ドライバー」として売られ、ナットやボルトを回せるものさえあります。

◀私がコードレスドリルを本格的に使いはじめた頃、デウォルトは文句なしにトップブランドで、90年代はこれらが最高の品でした。（もし当時ツイッターがあったら、私のこの発言は炎上したことでしょう。残念ながら、インターネットの普及以前から、間違った考えを振りかざす人はつねに存在しました。）

▶この2つのドリルはほぼ同時期に買いました。安い方（右）は、ガールフレンドの家に置いておくドリルが必要だったからで、高い方（右上）は、ディスカウント金物店がない町ですぐに使えるドリルが必要だったからです。総合的に、安い方が気に入っています。

▶電動工具のコレクションは通常、持ち主が好むブランドの色一色に染まっていますが、私の工具は雑多です。工具がどんなにバラエティー豊かを示すために集めたからです。

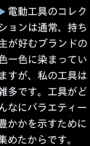

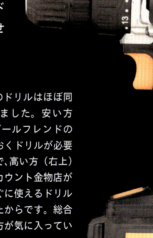

◀長年コードレス工具を使用している人を悩ませる、メーカー間の互換性がないバッテリーと充電器の山。

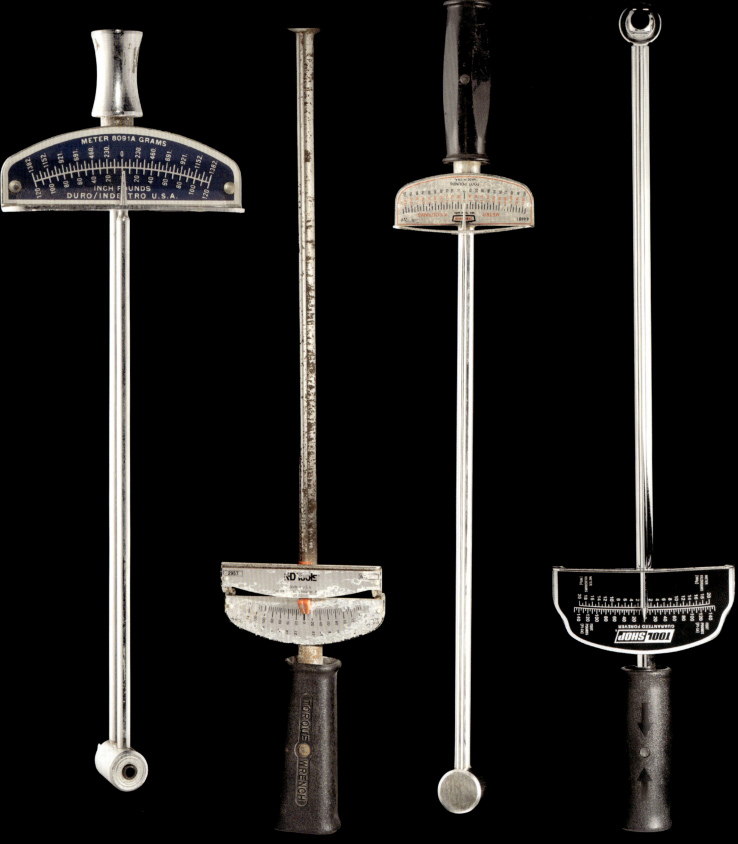

トルクレンチ

ナットやボルトをどこまで締めるかを判断するのは、通常は手の感覚です。これで十分に締まったかな？　よし、完了、という具合です。しかし、締め具合が重要な場合もあります。ボルトを締める力はトルクで測定され、トルクは力×距離という単位であらわされます。距離とは、使っているレンチの柄の長さ（てこの作用がどれだけあるか）であり、力とは、柄の持ち手を横方向にどれだけ強く押しているかの尺度です。

帝国単位〔英国および英連邦諸国で通用する単位〕では、トルクはフィートポンドで測定されます〔日本ではN・m（ニュートンメートル）を使います〕。長さ1フィートの柄を10ポンドの力で横に押した場合、トルクは10フィートポンドになります。長い柄と弱い力の組み合わせでも、同じトルクが得られます。レンチの長さが2フィートなら、5ポンドの力で押すだけで、同じ10フィートポンドのトルクになるからです。

言いたくはないのですが、トルクをフィートポンドで語ると怒る人がいることは知っておいて損になりません。フィートポンドはもう何世紀も慣習として受け入れられてきたにもかかわらず、意味不明な理由で、彼らはトルクはポンドフィートで語るべきだと信じているのです。数学的には何の違いもありません。やっていることは単位の掛け算であり、掛け算は可換（順序の入れ替えが可能）だからです。

私はトルクについて常にフィートポンドを使うことにしています。ポンドフィートを使うのが悪いからではなく、気にすることが間違いだからです。この議論が無意味に思えるなら、そう、それこそが私の論点です。そこに意味はないのです。

▶このとても大きなトルクレンチは、色分けされた丸いトルク計が格好よく見えますが、仕組みは左ページのものと同じです。トルクはヘッド自体のたわみで測定され、歯車機構で増幅されてダイヤルに表示されます。

▶デジタルトルクゲージは、どんなレンチもトルクレンチに変身させることができ、トルクレンチの精度確認にも使えます（ただし、両者が食い違った場合にどちらが間違っているかはわかりません）。

◀このタイプのトルクレンチは、柄自体のたわみを利用して、どれだけ強く柄が回されているかを測ります。柄に沿って取り付けられた細い棒には力がかからず、その先端の針が目盛りを指します。

▶小さくて優美なこのトルクレンチは、細い棒のたわみ具合で、歯科インプラントを顎の骨に固定するのに必要な細かいトルクを測ります。人工歯のねじ山がつぶれたら困りますから。

▲組立説明書には、「ナットを指でつつく締めてから、その先2分の1回転させる」と指示されていることがあります。このゲージがあれば、始点からの回転角度の測定によって正確に締めることが可能です。たとえば橋の建設では、ボルトを部材に接触するまで締めてから、6分の1回転の何倍回す、と指定されます（ボルトが六角形なので、印をつけて確認するのが容易です）。締め過ぎは最も危険で、ねじ山の剥がれや潰れが起きたり、数年後にボルトが折れたりしかねません。締め不足も同じくらい危険で、振動や温度

▼デジタルトルクレンチは、事前に設定したトルクに達するとピーッという音が鳴りますが、電池切れの時は機能しません。そして必要な時に限って電池が切れています。

▲このトルクレンチには、望みのトルクを設定できる調節ねじが付いています。何本ものボルトを同じトルクで締める際に便利ですが、目盛りを見る必要はありません。設定したトルクに達すると、指をポキッと鳴らした時のような音と手ごたえがあって、必要なトルクだと教えてくれます。

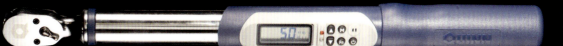

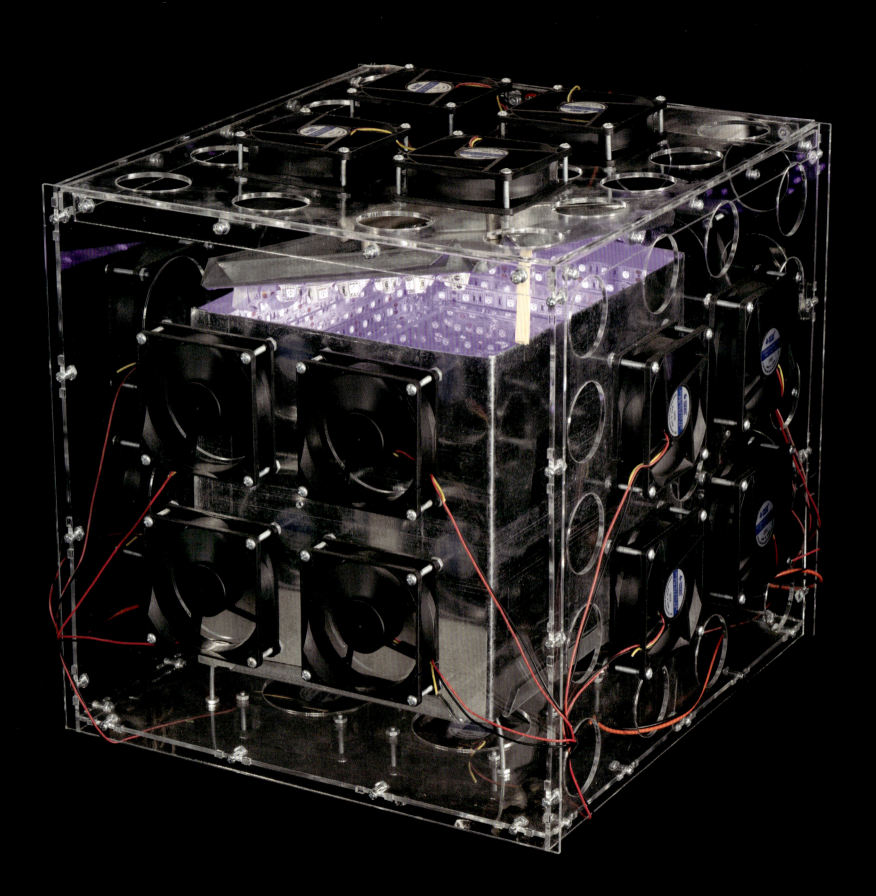

メイカー用ツール

いわゆる「メイカー」〔デジタルツールを使ってものづくりをする個人〕は、道具で規定されます。木工職人がかんなやルーターを、キルト作家がミシンを使うように、メイカーは3Dプリンターとレーザーカッターを駆使します。私はその片方を偏愛しています。

熱溶解積層（FDM）3Dプリンターは、残念ながら私の好みと合わず、1台所有しているものの一度も使っていません。いつかは焼結金属3Dプリンターを買うかもしれませんが、今のところ光造形（SLA）プリンターでそこそこ満足しています。SLAプリンターは、表面が滑らかで強度もそれなりにある、見た目の良いしっかりしたパーツを作ることができます。ただし、あらゆる3Dプリンターと同様、信じられないほど時間がかかります。

しかし、私にはレーザーカッターがあります！

私はこの機械が大好きです。買ってから何年にもなりますが、アクリル板を切断し、高温で磨かれた美しい切断面を持つ透明なパーツを作り上げるさまは、見飽きることがありません。速くて、パワフルで、正確で、多用途に使えます。2D形状しか作れませんが、できるパーツは元の素材と同じくらい丈夫で安価です。

それに、とにかく高速です。1日に何千ものパーツを作れますし、あるパーツの設計を改良しながら何十回も試作を重ねることもできます。設計・製造・試験のサイクルが文字通り5分以内で完了するなんて、人生が変わります。

素晴らしい働きをしてくれるのでお気に入りのレーザーカッターの次に控えるのは、必ずしも作業に理想的ではないにせよ、格好がいいから好きな工具です。

▶私が使っている一番安い樹脂プリンター。モデルによっては200ドル以下というお買い得品です。本体の見た目は、こびりついて部分的に硬化した樹脂で汚らしいですが、出来上がるパーツは良質で、丈夫で、美しく滑らかな表面を持っています。

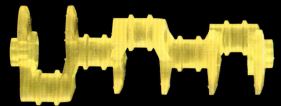

▲私が製作・販売する模型キットの一部には、エンジン模型用のこのクランクシャフトのように、樹脂3Dプリンター製のパーツが入っています。こういう立体的なパーツはレーザーカットでは作れません。

◀樹脂でプリントした部品は、波長405ナノメートルの光（ほぼ紫外線）を15分から30分間照射する「オーブン」で硬化させる必要があります。私は、LEDストリングライトと多数の冷却用ファンで自作しました。

▼私の圧倒的なご贔屓ツール、GU Eagle 130W CO2レーザーカッター。動作範囲は51×35インチ（1300×900mm）です。誤って当初の意図よりはるかに大きな装置を買ってしまったのですが、今では最初の予定の小型卓上モデルを買わなくて本当によかったと思っています。

▼熱溶解積層3Dプリンター。キュートな脚以外は不満だらけです。何時間もかけて部品が半分しかできていません。

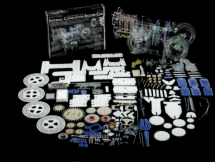

▶私がMechanical GIFsと名付けて同名のサイトで売っている模型キットのアクリルパーツは、このページ左下の写真のレーザーカッターで作っています。平面的なアクリルパーツの組み合わせだけで複雑な形が出来上がるのは、とても愉快です。

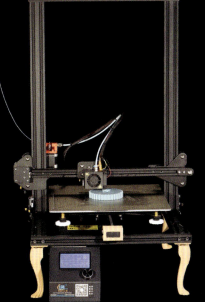

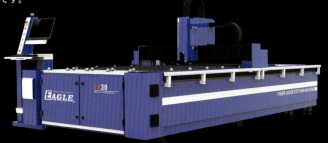

▲喉から手が出るくらい欲しい道具が、このGU Eagleの3kWファイバーレーザー切断機です。私のレーザーカッターが厚さ3mmのアクリル板を切るよりもずっと速く、同じ厚さのステンレス板を切断します。私がそれを目撃したのはメーカーの倉庫でした。自分の工房で見られないのがなんとも無念です。

119

スイスアーミードライバー

スイスアーミーナイフと一般的な折りたたみ式ポケットナイフの違いは、スイスアーミーナイフにはたくさんの刃物と、刃のない工具がいくつか付いていることです。ひとつのポケットナイフから多数の小さな道具が出てくるというコンセプトには非常に力があり、あらゆる状況に対応が可能です。

スイスアーミー六角レンチもよく見ます。私はたぶん1ダースほど持っています。他に、ねじ回し、六角星形ビット、ボールポイント六角レンチ、珍しいところではナットドライバーのセットもあります。

どれも素晴らしい工具です。そこそこ使えますし、個々のビットを紛失することがありません。工具バッグに入れても場所を取りません。ただし、ビットが隙間なく並んでいるという問題があります。使うためには一度セット全体を広げて必要なビットを選ばなければならないのです。また、六角レンチのうち1本の角が潰れると、その1本だけを交換することはできません。

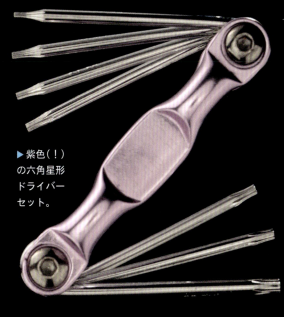

▶紫色（！）の六角星形ドライバーセット。

◀スイスアーミーナイフはおなじみですが、スイスアーミーナットドライバーは見たことがありますか？

◀少し高級なスイスアーミー・ボールポイント六角レンチセット（斜め回し用）。

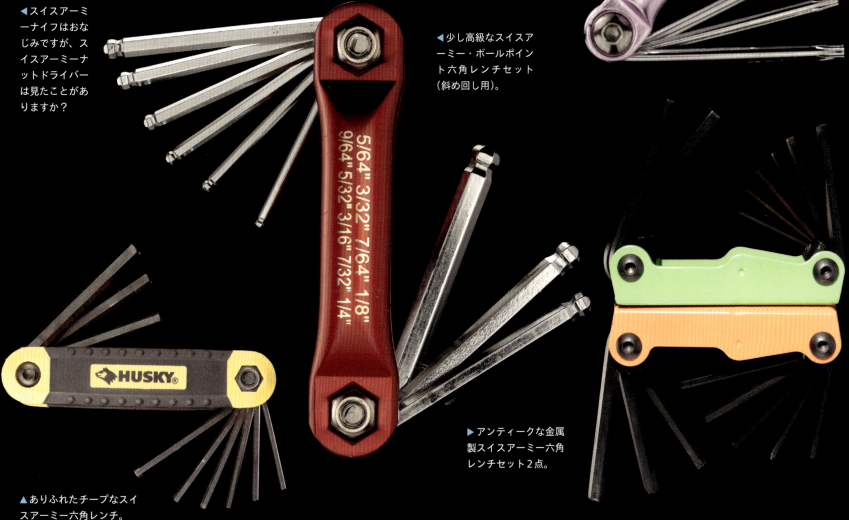

▶アンティークな金属製スイスアーミー六角レンチセット2点。

▲ありふれたチープなスイスアーミー六角レンチ。

動力式ハンマー

リベットは産業史の風景の中で特別な位置を占めています。工場や建設現場を撮影した古い白黒映像には、必ずリベットを打つ工具が写っています。ロージー・ザ・リベッター〔第2次世界大戦中に米国の工場で働いた女性たちの象徴〕は言うまでもありません。しかし今や熱間リベット接合はボルトや溶接にその座を奪われ、リベットとリベットハンマーは特殊なニッチに引っ込みました。それでも、動力式ハンマーという分野全体はまだ健在で、活気に満ちています。

動力工具には、ドリル（回転だけ、穴あけやねじ回し用）からハンマードリル（回転とハンマーによる打撃、コンクリート穿孔用）、エア式ハンマー（打撃のみ、石やレンガを打ち欠く）を経て、削岩機（これも打撃のみですが、より強烈）に至るという段階があります。段階を追うごとに工具はより重く、音はより大きくなり、ビットは鈍くなり、回転の重要性が減って打撃の方が大きな意味を持つようになります。

削岩機が性能を発揮するには、大きく重くなくてはなりません。誰もがまだ寝ている早朝にコンクリートスラブを砕くのが仕事だからです（これは実話です。ちょうどこのページの原稿を日曜の深夜に書いた私は、翌日の明け方に削岩機の音で叩き起こされました。半ブロック先の道路で水道本管の敷設工事が始まっていました）。

▶ こうした大型の削岩機は大量の圧縮空気を使います。実は私は削岩機を動かせるサイズのコンプレッサーを持っていないので、これは実用品ではなく展示用です。

◀ 熱間リベット接合は、赤熱したリベットの端を、ヘッド（写真では左下の部分）がカップ状にへこんだ圧縮空気式リベットハンマーで叩いてかしめることで行われます。なぜ他の多くのハンマーはこのようにヘッドの真後ろに持ち手をつけないのでしょうか？ 打撃だけが目的の工具としては最適な位置なのに。

◀ 本当に大きな削岩機は、バックホーや掘削機の油圧アームの先端に取り付けて使われます。機械の油圧システムから直接動力を得て、車道、歩道、壁、橋、そして半径5ブロック以内の住民全員の正気を破壊することができます。私を早朝に叩き起こしたのはこいつでした。

▶ エア式ノミは、削岩機の赤ん坊のようなものです。石を彫る、レンガを割る、金属部品のサビやスケール〔付着被膜〕を削るなどの目的で使われます。

▶ 手のひらサイズのパームネイラーは、釘の頭に押し付けると連続的に釘を叩きます。通常の釘打ち機やハンマーより時間はかかりますが、より正確です。

▼ この手動削岩機の最大の用途は新入社員にジョークとして渡すことに違いありません。先端（写真の左端）に削岩ビットを取り付け、重いハンドル（右）を持ち上げて打ち下ろすと、ビットが叩き込まれます。なんという重労働！

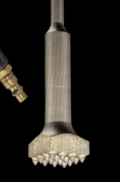

▲ エア式ハンマーのビットには、このビシャン〔面荒らし〕ビットを含め、さまざまな形があります。動力ハンマーの先が肉叩きになったようなもので、コンクリートを激しくたたいて平らにしたり、コーティングのために表面を粗くする際に使います。

エクストリーム釘打ち機

工具の名前にガン（銃）という単語が含まれている場合、通常は文字通りの意味ではなく比喩的な表現です。グルーガンは、全体の形以外に銃との共通点はほとんどありません。しかし、このページで紹介する爆薬式コンクリートネイルガンは、ほぼすべての意味で、銃器です。使われるのは.22（5.6mm）または.27（6.9mm）の黒色火薬カートリッジで、撃針で雷管を叩いて点火し、爆発の圧力で銃身から飛翔物が発射されます。有名な銃器メーカーであるレミントン社製のものもあります。

本物の銃との違いは、飛び出すのが弾丸ではなく釘であることと、工具の先を何かに強く押し付けない限り発射されない安全ロックが付いていることだけです。メーカーは、この安全ロックがあるからこれは武器ではなく、銃として使用することは絶対にできない、と懸命に強調しています。

◀レトロフューチャーな美しさを持つアールデコ調のデザインで作られた、プラズマシールド装備の光線銃──と見えて、実は火薬式の釘打ち機です。圧縮空気式釘打ち機で有名なBostitch（ボスティッチ）社の製品です。

ならばそういうことにしておきましょう。大きな音がするので、目と耳の保護は必須です。

もう少し専門的な釘打ちの領域に目を向けると、形も機能も魅力的なさまざまな工具に出会えます。たとえば、屋根のシングル材には直径1インチ（25mm）以上の大きなプラスチック製ヘッドを持つ釘が必要です。この釘は連結してコンパクトなコイル状にはできないため、一部の屋根用釘打ち機には、ヘッドがかなり大きな（8分の3インチ＝9mm）釘用のスプール〔マガジン〕と、それよりさらに大きなプラスチックヘッド用スプールの両方が付属しており、釘を打つ際に組み合わせて使います。

次のページでは荒っぽい打撃系工具から離れ、荒い石で物を削るという穏和な技術を見ていきましょう。

▶この美しくも複雑な工具は、コイルから引き出した全頭釘を、別のコイルから引き出したプラスチック製円盤の中心に打ち込みます。

▲▼全頭釘用の釘打ち機。2本の細い針金でつないでコイル状に巻いた連結釘を順々に打ち込みます。

▶私には敵はさほど多くいませんが、そのひとりのおかげで学習したのがこの技です。細い針金で連結された屋根用の釘を3、4本ずつに切り分け、ひねってピラミッド状にすると、タイヤをパンクさせるトラップが簡単に作れるのです。

▲このブタン式フレーミングネイラー（89ページ）は、私と一緒に多くの作業をこなしてきました。パワフルで信頼性が高く、使って楽しい工具です。コードレスですがバッテリー駆動ではありません。先端を板に押し付けるとブタンガスがシリンダーに注入され、スパークプラグが燃料と空気の混合物に点火し、爆発を起こして、釘を打ち込みます。（なお、スパークプラグと混合ファンの電源用の電池は入っています。）

▲レミントンは銃器メーカーとして有名ですが、同社のこの爆薬式ネイラーは、宣伝資料によれば、絶対に銃ではないとのことです。

▲火薬の量によって色分けされた釘打ち機用カートリッジ（右）。同じ口径のライフル用空砲と見分けがつきません。ないのは弾頭だけで、セミオートマチック工具用の"弾帯"になっているものまであります。

ハンドグラインダー（手持ち研削機）

　手持ち式のアングルグラインダーは、取り付けるディスクの種類によって、研削、研磨、バフ研磨、サンディング、スクレーピング、切削、カービングなど幅広い用途に使える万能工具です。ハンドグラインダーにはチャック（148ページ）の代わりに丸ノコギリの場合と同様のねじがあり、そこに100種類ものアタッチメントを装着できます（丸ノコの歯も取り付け可能です——自分の指が欠けても構わなければ）。

　アングルグラインダーは大型で、回転は比較的低速です。ダイグラインダーは小型で高速回転します（アングルグラインダーの毎分約3000回転に対し、ダイグラインダーは毎分最大2万回転）。歯科用ドリルは特別に高速なダイグラインダーの一種で、タービンモーターが1分間に最大18万回転します。

　ダイグラインダーは、非常に小さな砥石車で粗いエッジをきれいにしたり、細かい彫刻を（模型でも歯でもお好みで）施したりするために使います。さまざまなタイプの砥石を取り付けられるほか、ダイヤモンドバー、サンディングシリンダー、極小の丸ノコ刃も使えます。小さなワイヤーブラシ、ラッピングホイール、特殊なビットなど、多彩なものと組み合わせが可能です。

　エア（圧縮空気）式ダイグラインダーは軽量でパワフルです。また、空気が内部で膨張する際に熱を奪うので、工具が熱くなりません。電動式ダイグラインダーはそれより重量がありますが、モーターを動かすためのエアコンプレッサーが不要なぶん、使い勝手は良好です。

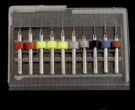

▲欧米では電動ダイグラインダーの代名詞のようになっているドレメル社の製品。

◀ダイグラインダーは、人や犬の爪（nail）にも建築用の釘（nail）にも使われます。

▼選択肢のこの豊富さ！　最高のダイグラインダービットはタングステンカーバイド製で、多くのバリエーションがあり、多彩な用途に対応します。

◀ワイヤーブラシを回転させて金属表面の錆や塗装を削り落とす専門的工具。ワイヤーブラシの代わりにゴム砥石を取り付ければ、塗装を傷つけることなくステッカーをこすり落とせます。

◀アングルグラインダーの付属品の安全シールドは、不恰好なので外すユーザーがよくいます。外してもいいとは言っていません。外す人がいるというだけです。外すと削りくずが飛んできます。

◀この大型アングルグラインダーは重すぎて、持つだけでも疲れますが、砥石車やフラップホイール（軸付砥石）を取り付ければ、金属板の錆落とし、溶接のバリ取り、エッジの丸めなどに威力を発揮します。紛失しやすいサイドハンドルは、標準的なボルトやパイプで代用できます。

▶エア式ダイグラインダーはシンプルで値も張らない工具です。私は昔、昼食のサンドイッチより安い値段で買ったことがあります。

サンダー

動力式サンダーは、サンドペーパーが動く方向によって3種類に分けられます。一方向に動くのがベルトサンダーとドラムサンダー、往復運動をするのはリニアサンダーと振動サンダーで、ランダムサンダー（オービットサンダー）は全方向にランダムに動きます。

左ページのような強力なベルトサンダーは、目の粗いサンドペーパーをキャタピラのように装着し、動力式かんなに匹敵する速さで材料を削ることができます。でっぱりを大まかに削る、カーブを形作る、エッジを丸くする、その他の粗い作業に適しています。

リニアサンダーはベルトサンダーに比べて研削速度が遅いため、材料を削り取ることよりも表面を滑らかにすることに適しています。

そして、ランダムサンダーは上質な木材をきめ細かく仕上げるのに最適な工具です。紙やすりは、通常は常に木目に沿ってかけるのがルールで、木目に対して横向きは駄目とされていますが、このサンダーはランダムな動きをするため、木目を横切る傷も魔法のように平らにならされます。

▲これまでに盗まれた私のお気に入り工具のなかに、家中の床をサンディングするのに使っていたボッシュのランダムサンダーもありました。ボッシュのその工具には愛着があったのですが、代わりに、もっと軽くて持ちやすい、このエア式サンダーを買いました。

▶これはmuller（マラー）という一種の乳棒で、ガラス板の上でインク用や化粧品用の顔料をすりつぶすために使います。何かについてじっくり考えることを意味するmull overという慣用句のもとでもあります。

◀このミニサイズの「帯やすり」の幅はわずか12mm。狭い場所に差し込んで使うのに便利です。

▼電動式やエア式のリニアサンダーは、標準的なサンドペーパーをサイズに合わせて切って使用します。

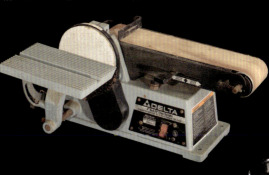

▲この4インチ（10cm）幅のベンチマウント型ベルト＆ディスクサンダーは、数十年来の愛用品です。幅が数フィート（1m以上）のモデルも市販されています。私は横のディスクはめったに使いません。

▼非常に幅の広いドラムサンダーは、広くてゆるやかな曲面用です。たとえば、塗装前の自動車ボディの研磨に使われます。

▲普通は使い捨てのカミソリ刃は研ぎません（だから使い捨てと呼ばれます）が、かつては研いでいました。この研磨ホイールは、ハンドルを回すと一定の時間ごとに刃を自動的に反転させ、両面を研ぎます。

旋盤

　旋盤の作業は、ノミの仕事が高度化した感じです。旋盤で素材を回転させ、そこにチゼル（ノミ）をあてます。正しく使えば、切りくずを飛び散らせながら、素材を望みの形に仕上げていくことができます。誤った使い方をすると、旋盤がチゼルを掴んで部屋の反対側まで投げ飛ばします。

　木工旋盤には刃物台（ツールレスト）と呼ばれる調節可能な部分があり、そこにバイト（切削刃）を取り付けて、チゼルの柄を持ちながらワーク（加工対象物）に対して刃を誘導します。切削力がはるかに強い金属加工用旋盤には、チゼル（この場合は旋削工具と呼ばれます）をしっかりクランプ固定する刃物台と、チゼルの先端をワークに対して正確にガイドする親ねじがあります。

　チゼルで素材の形状が出来上がったら、次はワークに紙やすりを当てて表面を滑らかにします。その際には回転するワークの上に手を伸ばすことになりますから、絶対に、旋盤に巻き込まれる恐れがあるゆるい服を着て作業してはいけません。

　フルサイズの普通旋盤は、自宅の工房で使う範疇を超えています。けれども、小型の卓上タイプは持っていると非常に便利で、価格もそこまで高くありません。

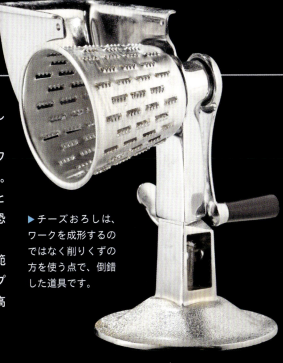

▶チーズおろしは、ワークを成形するのではなく削りくずの方を使う点で、倒錯した道具です。

◀大きな普通旋盤が欲しいとはずっと思っているのですが、搬入、水平出し、形直し（トゥルーイング）などの作業が大変すぎます。代わりに私が持っているのがこの持ち上げられるサイズのベビー旋盤で、小さな金属部品を作るのに便利です。ねじ山を切るための親ねじまでついています。

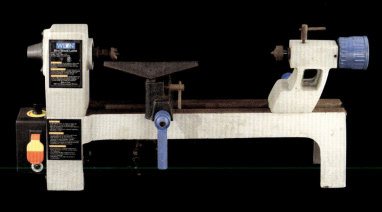

◀この小さな卓上木工旋盤を買ったのは15年ほど前のことです。気が滅入っていた時で、何か元気が出るものが欲しかったのです。

▲私が子供の頃に持っていたのとまったく同じプラスチックのおもちゃの旋盤。歳月に奪われた品をeBayで取り戻しました。これで小さな木のおもちゃや家具の取っ手や燭台をたくさん作ったものです。

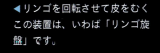

◀リンゴを回転させて皮をむくこの装置は、いわば「リンゴ旋盤」です。

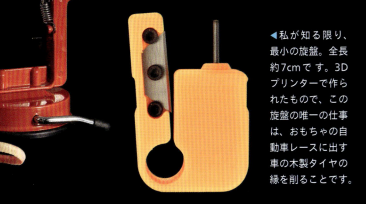

▲全体が金属でできた、現代のおもちゃの旋盤。時代とともに何もかも粗悪になっていくわけではないことの見本です。上のプラスチックのおもちゃの旋盤と大差ないサイズで、値段も同じくらいですが、性能ははるかに上で、おもちゃと呼ぶのがためらわれるほどです。

◀私が知る限り、最小の旋盤。全長約7cmです。3Dプリンターで作られたもので、この旋盤の唯一の仕事は、おもちゃの自動車レースに出す車の木製タイヤの縁を削ることです。

131

ボルトカッター

ボルトの切断は非常に困難です。2分の1インチ（12mm）径以上のボルトを切断するには、通常、ハックソーかアングルグラインダーかトーチが必要です。ボルトカッターはそれより細いボルト用で、てこ力を組み合わせて巨大な力にし、短くて分厚い硬化鋼製のあご（過負荷がかかると派手に砕けます）でボルトを噛み切ります。

ボルトカッターで他に何が切れるかご存じですか？　自転車の錠（ロック）です。ボルトカッターで切れない自転車錠を作ることに専念している業界があるくらいで、太すぎて切れない形状にするか、鋼鉄ケーブルを使うかの方法が使われます。（鋼鉄のケーブルをボルトカッターで切ろうとしても、ケーブルがつぶれて平らになり、刃が立たなくなります。ケーブルの切断には、ワイヤーカッターのページで紹介したような頑丈なケーブルカッターが必要です。）

ギロチン式のカッターもこのページに入れました。ギロチン式は、ボルトよりずっと軟らかいものを切るために使われ、鋭い刃の2枚のあご（ボルトを切ったらたちまち鈍ります）と、剪断機構（ボルトのように硬いものに使ったらねじれて壊れます）を組み合わせた構造になっています。大きくて見た目が異様な「除角器」はその一例で、畜牛同士が傷つけ合うのを防ぐために角を切り落とす道具です。シガーカッターも同じ発想で、ともに、いささか意味深長です。

▲愛犬のためにブリースティック〔牛のペニスを材料とした犬用スナック〕を半分に切る時に使う人もいますが、本来は牛の除角器です。

◀このボルトカッターのハンドルは折りたたみ式です。自転車泥棒がトレンチコートの下にこっそり忍ばせられるようにするためでは、絶対にありません。

▼赤い柄が第一段階のテコの役割を果たし、刃につながる小さな黒い「柄」を、ずっと短い距離だけ動かします。黒い柄は、刃のついたあごを、さらに短い距離だけ動かします。赤い柄を大きく開いても、あごの開きはかろうじてボルトをくわえられる程度です。距離にして50対1のこの動きの比率によって、あごに伝わる力の量は50倍に増幅されます。

▶この軍用ボルトカッターの先端の鈎は、絡まった有刺鉄線に突っ込んで、切るべき線を引き出すために使います。有刺鉄線に電流が流れている場合に備えて、柄は絶縁されています。

▶シガーカッターの本来の用途は葉巻のカットです。

▲ボルトカッターには幅広いサイズがあります。これは小型で、むしろ、鋼線やねじや非常に細いボルトに対応する頑丈なワイヤーカッターと考える方が合っています。

▼チェーンの切断はボルトの切断によく似ています。硬化鋼製の重厚で奥行きのあるあごを持つこのカッターは、金物店のチェーン売り場に備え付けられていました。

▲シガーカッターではなくピクルス用のスライサー。野菜を縦割りにします。

133

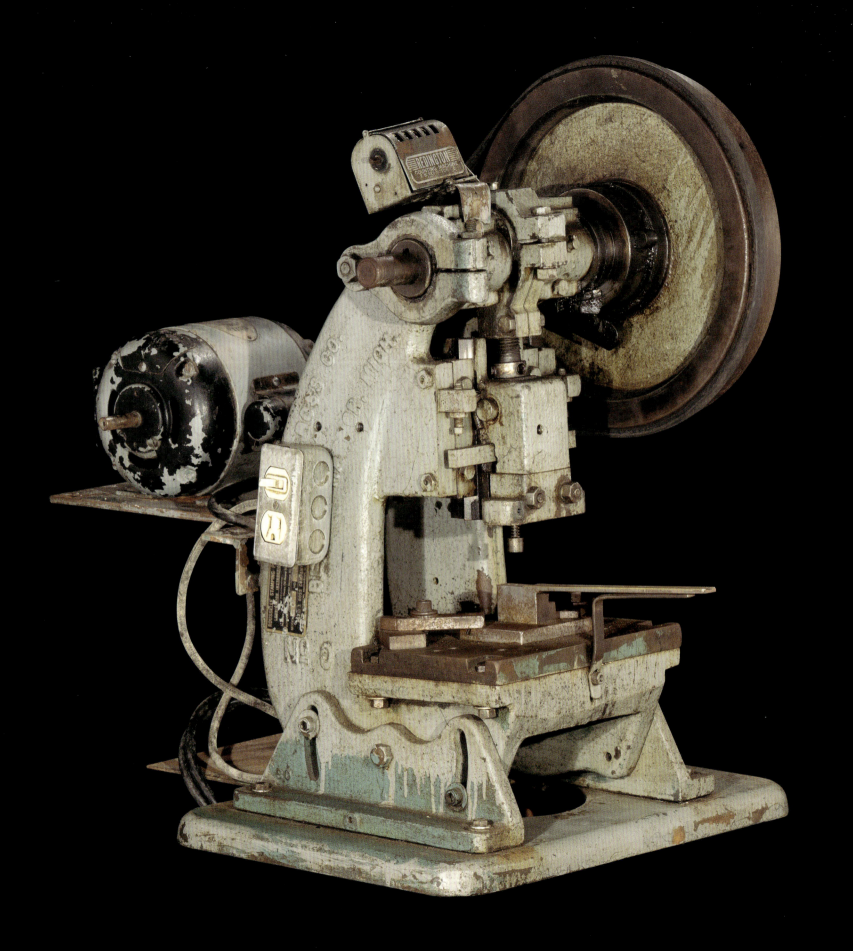

ポンチ／パンチとダイス（押し抜き工具）

穴あけ工具は、手に持って使うプラスチック製工具から世界最大級の工作機械まで、幅広いタイプがあります。ポンチ（押し抜きの雄型）とそれに合うダイス（雌型）の間に素材（木、鋼鉄、布、紙）をはさみ、ポンチをダイスに押し込むと、ポンチの形どおりの穴を素材にあけることができます。

昔の鉄道車掌の検札鋏（切符パンチ）は簡単な穴あけ道具の例です。対極に位置するのは数階ぶんもの高さがある大型の型抜きプレスで、指ほどの厚さの鋼鉄を楽々と切り抜きます（ポンチを動かす100馬力のモーターと数トンのフライホイールのおかげで「楽々と」やっているように見えるという意味です）。こうしたプレス機は、自宅の工房に置けるレベルを超えています。ただ、たまたま機械工場のオークションで中型プレス機のポンチとダイスのセットをいくつか手に入れたので、それをお見せしましょう。

家で使うなら、手持ちや卓上型の穴あけ工具の方が実用的で、種類も豊富です。手工芸用品店ではペーパークラフト用に何十種類もの形の型抜きパンチが売られており、薄い板金、革、ゴム、厚紙用のもっと頑丈な製品もあります。

▶配電盤用の鋼板に大径の穴をあける際に、このマルチピース・ポンチ＆ダイスセットが使われます。ねじが通る大きさの下穴をあけ、望みのサイズの穴用のポンチとダイスではさんでねじを通して両者を留めてから、レンチで締めて穴をあけます。

◀これは、なんとも愛らしい小型の型抜きプレスです。しかし、かわいい外見に騙されて中に手を入れたりしてはいけません。重いフライホイールには電気モーターからのエネルギーが蓄えられていて、足元のペダルを踏むとフライホイールに引っかかっている留め金が1回転し、獣の口の中にあるものを、それが何であれ、ポンチで打ち抜きます。モーター自体にはそれほど力がありませんが、フライホイールに蓄えられたエネルギーは型抜きに十分な大きさです。

▶クラシックな鉄道員用検札鋏は、今やどこでもバーコードスキャナーなどに取って代わられ、残っているのはロングアイランドのような一部の第三世界くらいです。

▲複雑な形の型抜きもあります。これは、スクラップブッキング用に紙を雪の結晶の形に抜きます。

▲このダイスセットは中型の型抜きプレス機（高さ12フィート＝3.6m）の一部分で、おそろしく頑丈です。上部と下部は、厚さ2インチ（50mm）の鋼板でできています。カスタムに配置されたポンチとダイスが、厚さおよそ8分の1インチ（3mm）の金属板を切り抜きます。

▲金属薄板用パンチ。鉄道切符が金属製だったら、検札鋏はきっとこんな形でしょう。

▶家畜用イヤーパンチ。豚の耳にV字形の切り込みを入れ、リッター〔母豚の1回の分娩〕番号（右耳）とリッター内でのその子豚の番号（左耳）を三進法数字で刻印する道具です。

◀ステンシルプレートを作る精巧な工具。アルファベットと数字の0〜9のそれぞれの形をしたポンチとダイスが内蔵されており、上部の大きなホイールを回転させて望みの文字を選び、ステンシル板を型抜きします。今や、その仕事はレーザーカッターに奪われました。

空気圧工具

本書には、圧縮空気で作動する工具が数多く登場します。それらの工具では空気は目的のための手段にすぎませんが、このページでは、空気そのものが目的の工具を紹介します。

一番の例はエアコンプレッサーで、エア式工具への圧縮空気の供給が仕事です。どんな工房にも、少なくとも小型のポータブル・エアコンプレッサーが1台あり、タイヤに空気を入れたり、ホコリを吹き飛ばしたり、小型のエア式工具を短時間動かしたりしているはずです。大型のエア式工具には、十分な圧縮空気を連続的に供給できる大型の据え置き型エアコンプレッサーが必要です。

エアコンプレッサーの性能の違いは、供給する空気の圧力ではありません。ほとんどのエア式工具は最大で約100psi（＝約700kPa）で作動します。余分にお金を払ってでも強力なコンプレッサーを選ぶ理由は、その圧力で供給できる空気の量が多いからです。

陰圧（常圧よりも低い圧力）が必要な場合もあります。掃除機や集塵機は、大気圧より低い圧力を作ることで機能します。吸盤や真空成型機や真空吸着プレートも同様です。

空気の圧力ではなく温度が重要な場合もあります。熱風が大量に必要なら、ヒートガンの出番です。ヒートガンは一見するとヘアドライヤーに似ていますが、ドライヤーよりはるかに高温になるので、髪を乾かすために使ってはいけません。ヒートガンのなかには金属を融かすために使われるものもあります（29ページのはんだ付け用具を参照）。

▲この自動風船空気注入装置には2つのモードがあります。左側のノズルは普通の風船用で、一定量の空気（調節可能）を供給します。右側のノズルは非常に低い圧力でヘリウムガスを注入し、アルミ蒸着フィルム製の風船を完璧に膨らませます。

◀ミニエアコンプレッサーで車のタイヤに空気を入れるのは時間がかかりますが、道端での緊急時には便利です——もしも、パンクした時にたまたま、本書の写真撮影のためにスタジオに置いてきたりしていなければ。

▶ヘアドライヤーは火傷を防ぐためおおむね60℃以上にはなりませんが、ヒートガンは逆にそういう低温にはできず、上は540℃に（特殊なものではそれ以上にも）達します。

▲小型のエアコンプレッサーは本当にうるさい音を立てます。ふいごが高速で開閉し、空気を圧縮して小さな貯蔵タンクに押し込むからです。

▲大型のエアコンプレッサーも騒音を出しますが、大型タンクに大量の圧縮空気を貯められるため、そう頻繁には運転しないでしょう。ふいごではなくピストンを使用し、長寿命なうえはるかに大量の空気を供給できます。

▲真空は圧縮空気の逆で、大気圧よりも低い圧力まで空気を減圧したものです。これはハンドルを回すことで強力な真空状態を作れる大型の吸盤で、車のパネルのへこみを直したり、コンピューターのモニターからスクリーンを取り外したりする際に使われます

◀このヒートガンの特殊なヘッドは、熱収縮チューブを全方向から同時に収縮させるように設計されています。

◀真空成形機は、プラスチックのシートを軟らかくなるまで熱し、吸引して成形用の型に押し付け（吸い付け？）ます。開封できずにイライラするプラスチック包装はこれで作られます

クレイジーなノコギリ

　このページのすべてのノコギリは、ホラー映画で絶好の小道具になると思います。電動丸ノコやチェンソーは映画の常連ですが、映画製作者は、そこまで知名度の高くないこれらの工具にも目を向けるべきです。『テキサス・チェーンソー』が好きな人なら、きっと『死のオクラホマ・サークルソー』や『血しぶきブレードソー』も気に入るに違いありません。

　ここで紹介する大型ノコギリの大半は、チェンソーと同様の使い方で丸太を切るための工具です。チェンソーがあるのに、なぜこうした道具が存在するのか？　これらの方が先に発明されたからです。チェンソーが登場すると、これらはすぐにすたれました。軽量性、高速性、（ある種の）安全性、価格、持ち運びのしやすさ、信頼性、どの点でもチェンソーの方が優秀です。奇妙で危険なこうした工具はeBayやオークションで歴史を伝えるのみで、ほとんどはもう電源を入れても動きません。たぶんそのままにしておくのが一番でしょう。

　これらのノコギリは、現代的で実用的な工具へと進化しました。古い電動丸ノコは、テーブルソーやマイターソーや手持ち式丸ノコになり、ブレードソーは少し小型のレシプロソー（次ページで紹介します）へと姿を変えたのです。

▲電動丸ノコは、チェンソーよりも少しだけ正確に丸太を切断することができます。手前のL字型テーブルは、切断が進むにつれて後ろに傾きます。胴体と首を切り離すのにも使えるでしょうが、それは間違った使い方です。

◀この「サークルソー」は、たぶん、私がこれまでに見た中で最もぶっ飛んだ工具です。地面に置いた小型ガソリンエンジンが動力源で、フレキシブルなシャフトがゴム製の駆動輪に動力を伝え、リング状のノコギリ刃を回転させます（丸ノコに似ていますが、刃の内側がありません）。

▼ブレードソーは、大きな歯が付いた長い刃を持つガソリン駆動のノコギリです。幸いにもエンジンはひどい状態で、おそらく二度と動かないでしょう。

▼これは私が見た中で最も「電動のハンドソー」に近い工具です。本体にpowered handsawと書いてあり、刃の形状も一般的な手挽きノコギリとほぼ同じです。レシプロソーを目指して踏み出された僅かな一歩です。

▼左の写真と同じタイプの、食肉業者用工具。ステンレス製で、はるかに高価です。文字通り、肉を切るためのもので、ホラー映画にはぴったりです。

139

レシプロソー

前のページで見た「電動のハンドソー」は、その後、現代のレシプロソーへと進化しました。レシプロソーは、強力な破壊用工具として人気です。

レシプロソーは多くの点でジグソーと似ていて、理論的には同じような作業ができますが、実際の使用感は大きく異なります。ジグソーが穏やかで制御されているのに対し、レシプロソーは荒っぽく、時には常軌を逸した反応を見せます。ジグソーより刃が大きく、長く、厚く、モーターはより強力で、グリップは正確な制御よりもリーチに最適化されています。そして、お察しのとおり、動作の滑らかさに欠けます。材料を前後に揺さぶりますし、切断中に刃が部材に引っかかりでもしたら、かなり乱暴にがたつきます。私はレシプロソーをあまり使いたくありません。とはいえ、何かを即座に容赦なく切断せねばならない時に迅速に片付けてくれるという事実は評価しています。

レシプロソーが多目的に使えるのは、多様なタイプの刃があるからです。適切な刃を選べば、木材、金属、プラスチックから断熱材、ガラス、タイルを経て、パンや七面鳥までさまざまなものを切ることができます（パン用と七面鳥用の刃は、キッチン用電動ナイフという名のレシプロソーに付けて使います）。

私は必要に迫られればこのページの工具も使いますが、次ページの工具の方がずっと好きです。

▶レシプロソーは、雨の日に溝の底のパイプを切断するなどのウェット環境でよく使われます。この写真の製品は、電気面での安全を最大限に考慮して、圧縮空気を動力源にしています。

◀初期のレシプロソーは、その前の電動ハンドソーに似ていますが、ボディが大きくて刃が短いことがわかります。今では、レシプロソーはありふれた安価な工具です。レシプロソーの刃は最長で12インチ（30cm）のものまでありますが、そういう長い刃はすぐに曲がってしまいがちです。

▼ここでも、薄い素材には歯の小さい刃、耐久性が欲しければカーバイド、石材にはダイヤモンドを選びましょう。

▼ナイフ状の刃

▼厚い金属用

▲薄い金属用

▲目の粗い木材用

▼釘の刺さった木材用

▼石材用

▼バッテリー式レシプロソーなら、誤って電源コードを切断してしまうという（決して珍しくない）事故を防げます。

▶断熱材の切断専用のノコギリ。電動キッチンナイフに驚くほどそっくりです。

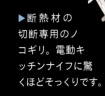

141

マイターソー（卓上丸ノコ）

木工用工具のなかで、価格を問わず最も汎用性が高いもののひとつが、複合スライドマイターソーです。丸ノコがスライドレールに取り付けてあり、一般に切断方向に10〜12インチ（250〜300mm）動かすことができます。

この工具の何が便利かというと、レールを左右に45度ちょっと回転させることができ、丸ノコ自体も左右に45度強傾けられるという点です。この可動性により、スライド丸ノコは垂直な直線カットだけでなく、どんな角度の斜め切りも同じくらい簡単にできます。また、回転刃の部分がスライドするため、幅12インチ（300mm）、厚さ4インチ（100mm）を超えるくらいまでの板材を切断できます。

家、塀、鶏小屋、おもちゃ箱、その他何であれ木で作りたい人にとって、高品質なマイターソーは本当に心強い味方です。私はアルミの押し出し成形材を切ったこともあります（たぶん間違った使い方だとは思いますが、木材用のカーバイド刃を取り付けて切ったところ、見事に働きました）。

私の農場にあるデウォルト社のモデルはかなり高級品です。都市部のスタジオに置いてあるのはもっと安い品ですが、悪くありません。精度は若干劣りますし、25年以上使うことはできないでしょうが、値段の割には非常に優秀です。安価なマイターソーにはスライド機能がなく、切断できる木材のサイズが制限されます。最も安いモデルだと、刃の向きを左右に振る（板を斜めに切る）ことはできても、刃を傾けることができません。けれども、そういうモデルでもちゃんと役に立ちます。

◀バッテリー式マイターソー。

◀私の工房の電動工具のなかで、これまでの使用時間が最も長いのはこのスライドマイターソーだと思います（119ページのレーザーカッターは例外かもしれません）。

▲チョップソーは見た目はマイターソーに似ていますが、できることは、刃を真下に下ろしての切断だけです。一般に、切断用砥石車を取り付けて棒鋼や山形鋼や角パイプを切るために使われます。

◀この小型チョップソーはまるでおもちゃのように見えますが、実はかなり便利です。私は、自分が販売する透明模型用のアクリル棒やポリスチレン角パイプの切断に使っています。

▼この手動式マイターボックスは、ノコギリの角度を調節したうえで挽くことで、マイターソーと同じ作業ができます。ただし時間がかかります。

▼卓上シャー（剪断機）。マイターソーでカットした額縁やモールディング（繰形）の端から紙くらいの薄さをそぎ落とし、完璧にフィットさせるための工具です。

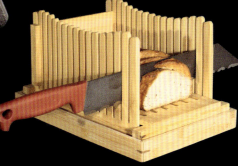

▼パンをスライスするためのマイターボックスもありますが、一般にパンに対して90度のカットしかできず、スライスの厚さの方が重視されています。

バンドソー（帯ノコ）

　滑らかで穏やかで正確な切断にかけては、バンドソーに勝るものはありません。刃が常に同じ方向（下）に動く点以外は、糸ノコ盤に似ています。動作にぎくしゃくしたところは皆無、スムーズで連続的な切断が持ち味です。

　バンドソーの刃には多彩なサイズがあります。幅広の刃は、まるでテーブルソーのように長く直線的に切断します。幅の狭い刃は、曲線や複雑なパターンを切るのに適しています。極端な例では、一部の製材所が巨大なバンドソーを木の幹の輪切りに使っています。

　私は自宅を建てるにあたり、イリノイ州パリスの古い製材所で大量の木材を買いました。そのT・A・フォリー製材所にあった巨大なバンドソーは、1990年代半ばに最終的に電源から外されるまで、115年間稼働していました。大いなるバンドソーの腹の中で巨大な刃が古木の丸太と対峙することは、もう二度とありません。私はその刃を数本手に入れ、ゆっくりと錆びてゆくのを見守りつつ保管しています──これらがいつかどこかで、たとえば芸術作品の中で、あるいは世界で最も苦痛を与える階段の手すりとして、日の目を見ることがあるかもしれないと期待しながら。

　通常、バンドソーには大きなホイールが2つあり、そのホイールの直径によってノコギリの深さが決まります。コンパクトなモデルは、場所を取る大径ホイールを使わずに十分な深さを得るために、小さめのホイールを3つ備えています。バンドソーが初めて登場してから、まだほんの200年足らずです。つまり、次のページの工具と比べると、非常に歴史の浅い工具ということになります。

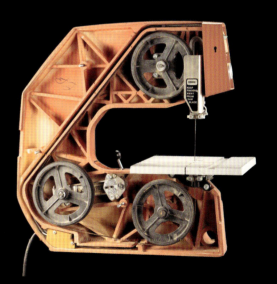

▲金属切断用のバンドソーは、多くの場合、蝶番を持ち、歯が水平向きになるように取り付けられています。自重で徐々に下がり、鋼の太い棒、ロッド、パイプを切断します。切断が終わると、底部にあるスイッチで自動的に停止します。

◀この真新しいバッテリー式超小型バンドソーは、私のハートを射抜きました。私が見た中で最高にキュート。かわいいでしょう？

▼この手持ちバンドソーは、私の数十年来のお気に入りです。刃は手挽きハックソーの刃に非常によく似ていますが、環状になっていて連続的に回転します。使っていて圧倒的に楽しく、左ページの小型バンドソーに匹敵するくらいです。

◀オークションで入手した古い木工用バンドソー。見た目は地味ですが素晴らしい仕事をします。

▶コンパクトなバンドソー。小ぶりなホイール3つが刃を回します。

▶T・A・フォリー製材所にあった、長さ37フィート（11.3m）、幅1フィート（30cm）の刃。猫はサイズ比較用。

オーガードリル（螺旋工具）

　36～37ページで紹介したフォスナービットには、切りくずを穴から運び出すためのフルート〔縦溝〕がありません。オーガードリルビットはフォスナーよりもずっと古くからある設計で、先端はフォスナーに似ていますが、切りくずを表面へ送り出す螺旋状のフルートが切ってあります。深い穴を開けるのが得意で、たとえば納屋を建てる時の太い梁の穴あけや、スキーロッジで柱と梁を組んで豪華なアルプスのシャレー風の屋根を作る時などに好適です。

　オーガードリルビットは数百年前からあり、当時から形がほとんど変わっていません。このビットで肝心なのは、速度ではなくトルクです。オーガードリルビットは一回転ごとに材料をたくさん切削します。昔はこれを手動のブレースドリル（77ページ）に付けて回していましたが、今はたいてい大型の「ホールシューター」スタイルの電動ドリル（189ページ）やボール盤（187ページ）を使います。

　スペードドリルビットは、螺旋になっていないオーガーと言えます。単純で安く、切りくずが排出されず、できた穴はあまり滑らかではありません。安さはスペードのほぼ唯一の取り得で、他には「軸を穴の中心に保つものがないのでまっすぐでない穴もあけられる」ことくらいしかありません。オーガーのように強引に穴を掘削するのではなく、少しずつ素材を削っていくので、安くてパワーのあまりないドライバーでも使えます。

　オーガーもスペードも、他のドリルビットと同様、一般に次ページの仕掛けで固定されます。

◀私が知る限り最高に美しいドリルがこれです。手回し式オーガーで、柄の反対側が横向きの円筒状になっており、そこにハンドルを差し込んで回します。ハンドルは付属していません。キャンプ用なので、携帯しやすさが命。現地で手近にある棒状のものを差し込んで使います。

▼オーガードリルビット（上）は製造工程がかなり複雑なので、セット品は高価です。スペードドリルビット（下）はずっと安価で、ほぼすべての点で劣ります。

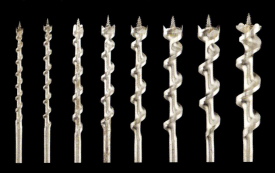

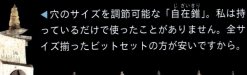

◀穴のサイズを調節可能な「自在錐」。私は持っているだけで使ったことがありません。全サイズ揃ったビットセットの方が安いですから。

▲短くてずんぐりしたオーガードリルビットは、長い延長ロッドの先端に取り付ければ、壁や床の穴あけに使えます。

▶スペードドリルビットは製造が楽でコストも安いので、こんなに長いものでも値段はお手頃です。

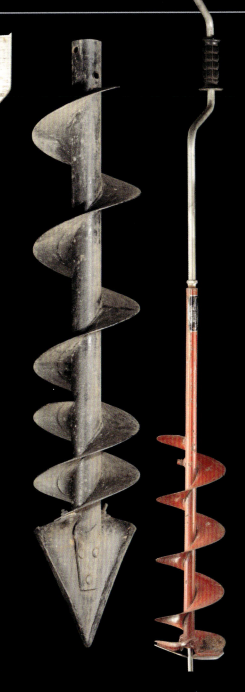

▲地面や氷用のオーガーもあります。左のアースオーガーは先端部が奇妙で、他に見たことがありません。右のアイスオーガーは、湖で氷の厚さを調べる時に使います。6ヵ所測って6インチ（15cm）以上あれば、スケートをしても安全です。

147

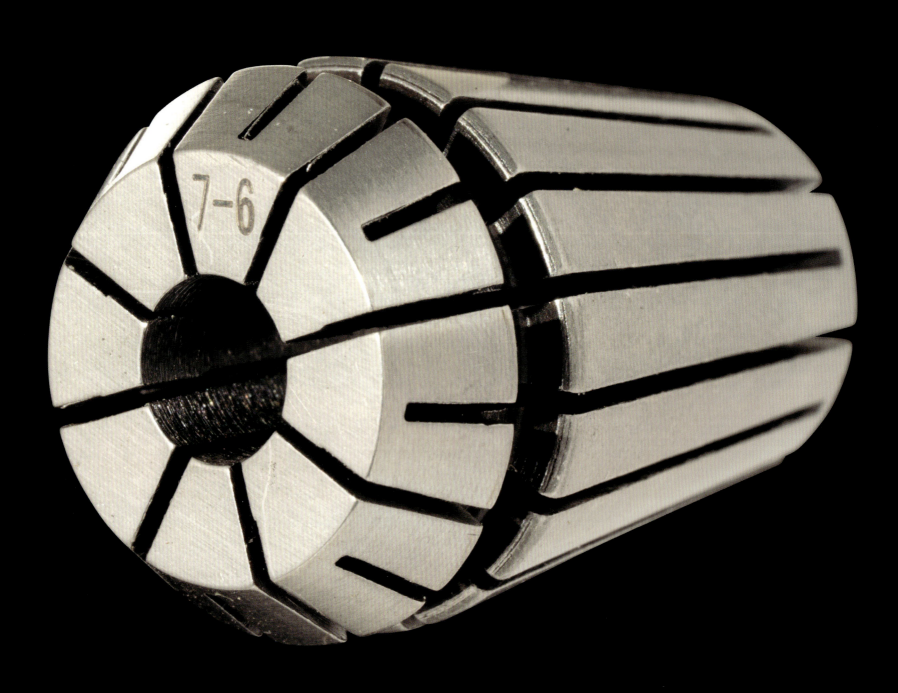

チャック

　チャックは、ワーク（加工対象物）や切削ビットを爪ではさんだうえで締めて固定する工具です。大半のチャックは3本爪で、主にドリルビットを固定します。あらゆる手持ちドリルとすべてのボール盤には、デフォルトで3本爪の自動調芯スクロールチャックが装備されています。

　もうひとつ一般的なタイプとして4本爪チャックがあり、旋盤でワークを取り付けて回転させるために使われています。3本爪との一番の違いは、それぞれの爪を独立して動かせることで、これによりワークの芯出しをより正確に行うことができます。逆に言えば、手動で4つの爪を個々別々に調整しないと、ワークの芯出しができません。つまり、4本爪チャックは、3本爪タイプに比べると手間が余計にかかりますが、その分柔軟に調節できるということです。

　チャックの仲間に、コレットがあります。コレットは、それぞれ決まった直径（あるいはごく狭い範囲の直径）のビット用に作られており、ビットのシャフトの外周を広い面で連続的に、（または少なくとも均等に配置された多数の接触点で）保持します。コレットは3本爪チャックよりもずっと精度が高く、爪で支えるチャックよりも横方向の力に対する抵抗力が強くなります。

　チャックとコレットのこうした長所と短所を考慮して、真下に向けて穴をあけるボール盤ではほとんどの場合3本爪チャックが使用され、ビットに横方向の力がかかることの多いフライス盤ではほとんどの場合コレットが装備されます。同様に、ルーターやダイグラインダーにはコレットが取り付けられ、次ページのドリルにはチャックが使われています。

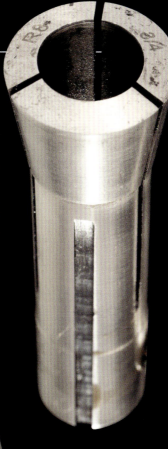

▶このコレットは、フライス盤の主軸のテーパー（円錐状）穴と正確に合う形状になっています。フライス盤の上部からねじを切ったロッドが降りてきて、コレットを引き上げて主軸にはめることで、両者のテーパーがぴったり合わさり、四方から圧力がかかります。

▼木工用の手持ち式ルーターは、高速回転して横方向の大きな力がかかるため、固定にコレットを使用します。

◀直径の違いが1mm以内のシャフトを固定できるミニコレット（写真の例は6～7mm用）。一式揃えれば1～12mmのあらゆるシャフトに対応できます。

◀良いチャックは美しいものです。

▼ドリルビットのシャフトを掴むチャックの爪は、比較的細くて長い形状です。爪は、チャック本体と一緒に回転するねじリングで締められます。

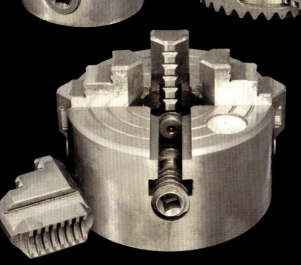

◀旋盤用チャックには、大径のワークを固定できるだけの十分な幅があります。3本爪のチャックは自動調芯にすべしという決まりはないのですが、ほぼ常に自動調芯です。

◀4つの爪を独立して調整できる小型チャック。私の金属用小型旋盤の部品です。

▶コレット式ハンドバイス。小さいビットの固定や、時にはワークの保持にも使われます。彫金で活躍します。

アングルドリル

ピストルのような形のドリルは、バランスも使い勝手もよく、腕の力でビットを直接的に押してコントロールすることが容易なため、人気があります。けれども、狭いスペースで穴あけ作業をする場合には、ピストル型ドリルだとやりにくいことがよくあります。そんな時に必要になるのが、ビットを横向きや斜め向きで回転させることのできるドリル——アングルドリルです。

アングルドリルは、モーターをドリルビットに直接接続するのではなく、回転方向を45度から180度の間で変えるベベルギア（かさ歯車）を間にはさみます。ドリルのパワーは多少落ちますが、角度がつく分、ビットの回転力に抵抗するてこが効きやすくなります。特にパワーのある製品の代表に、ミルウォーキー社のHole Hawg（ホールホグ）アングルドリルがあります。

私が初めて買った本格的な工具のひとつが、頑丈なミルウォーキーのプラグイン式直角ドリルでした。頑丈でパワーも十分です。しかし直角ドリルだけに、ビットの後ろがコンパクトではありません。私が本当に惚れ込んだのは、左ページにある斜めになった製品です。エレガントで有効性が高く、耐久性があり、高価です。トリガーが2つあるので、握る位置に応じて使い分けられます。気に入っていますが、角度がついている分、コンパクトさに限界があります。

チャック（149ページ）の後方が最も短い工具を探し求めた私は、チャックを奥に引っ込めたマキタの製品2点を見つけました。最もコンパクトなタイプは、ほぼ限界まで薄くしたうえ、任意の径のビットを取り付けられます。六角レンチやソケットレンチだけのドライバーであれば全体をもっとコンパクトにできますが、それでは次のページの工具と同じになってしまいます。

▶Hole Hawg（187ページ参照）は、モーターがチャックに対して180度向きを変えた配置になっているため、形状が非常に特徴的です。

◀本書を作る大きなきっかけのひとつがこの工具でした。数十年前に『This Old House』誌で初めて目にし、欲しいと夢見て、ついに手に入れました。すると、次の夢として、この道具の存在を教えてくれた雑誌と同じような、美しい道具の写真を集めた本を作りたいと思ったのです。

▲購入後何十年も経った今でも持っている、しっかりしたいいドリル。

▼左ページのドリルより狭いスペースで作業できますが、それでもビットの後ろに幅があります。

◀このドリルは、チャックとギア機構を圧縮し、チャックがボディから出っ張らない形状を実現しています。理にかなった範囲で限界まで薄くした設計です。

▶新たに直角ドリルを買えない場合、こうしたアダプターで普通のドリルをアングルドリルに変身させることも可能です。

インパクトレンチ

車のホイールを外すには、一般にホイールひとつにつき5ヵ所、合計20ヵ所のラグナットを外す必要があります。手回しレンチでもできますが、タイヤショップに行ったことがある人は、エア式インパクトレンチというありがたい工具の存在をご存じでしょう。この工具は2種類の音を出します。ホイールを外す時は、素早い連続的打撃音の後に、悲鳴に似た回転音が聞こえます。悲鳴の後に打撃音がしたら、それはホイールを取り付けている時です。

作業場や工房でエア式レンチが使われるのは、電動式に比べて軽く、パワーがあり、安く、速く、そしてほぼ永遠に使えるからです。空気が膨張する際は温度が大幅に下がるため、機械が焼き切れることがないのです。実際にエア式工具は長時間使うほど冷たくなります。近年は電動やバッテリー駆動のインパクトレンチの性能もかなり上がっていて、道端でピックアップトラックやキャンピングカーのホイールを交換する羽目になった時には驚くほど重宝します。しかし、エア式よりかなり重く、いずれは壊れます。エア式工具は一般に壊れません。

インパクトレンチとハンマードリル（189ページ）は別物だという点は覚えておいて下さい。どちらも回転と打撃を同時に行いますが、ハンマードリルはノミを叩く時のように工具のシャフトをまっすぐ打撃します。一方インパクトレンチは、横向きに、回転力を与えるように叩きます。ナットを緩めようとしてハンマーでレンチの端を叩くのと同じ動きです。

また、インパクトレンチはドリルと違い、ビットを無理に回そうとしません。ビットが自分で回るようになるまで叩くだけです。そのため、大型のインパクトレンチでも長いサイドハンドルは不要で、作業者の腕をねじ切ろうともしません。

▶ 電動インパクトレンチは、同等のパワーを持つエア式より重いうえ、信頼性が劣ります。

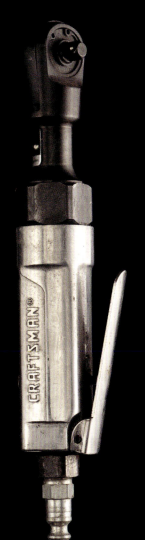

◀ 並はずれてパワーのあるこのインパクトレンチは、30ポンド（13kg）近い重さがあります。乗用車に使うには大きすぎます。大型トラックや工場の機械に向く工具でしょう。

◀ 一般的な手持ちのエア式インパクトレンチは、軽くて、うるさくて、強力です。インパクト規格のソケット（なぜか黒が一般的）を付けて使用します。

▶ インパクトレンチ用ユニバーサルジョイントもありますが、巨大な力がかかるため、角度に限界があります。

▲ これはただのエア式レンチで、インパクトレンチではありません。大きな回転力が欲しい時は、手回しレンチと同じように柄を回す必要があります。

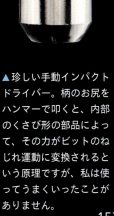

▲ 珍しい手動インパクトドライバー。柄のお尻をハンマーで叩くと、内部のくさび形の部品によって、その力がビットのねじれ運動に変換されるという原理ですが、私は使ってうまくいったことがありません。

153

光学機器

　学校の理科室や低予算映画の実験室シーンでよく目にする古典的な顕微鏡は、作業場ではあまり役に立ちません。非常に薄くて光を通すものしか観察できませんし、一般に倍率が高すぎます。一方、検査顕微鏡は立体物を見るために作られていて、作業場で非常に重宝します。高級モデルにはズームやステレオ3Dビュー機能が付いています。私が持っているのはビデオ検査顕微鏡で、お気に入りのひとつです。大きな画面があって同時に数人で観察できますし、コンピューターに接続して画像や動画を保存することもできるからです。

　専門家からの助言をひとつ。わが子に顕微鏡での観察に興味を持ってほしければ、ズーム可能な検査顕微鏡、できればビデオ型をプレゼントしましょう。古典的な顕微鏡は面倒がられるだけです。

　さて、自宅の作業場や工房で検査顕微鏡を使って、何ができるのでしょう？　バーニヤ目盛りを読めるほか、測定目盛りが刻まれた顕微鏡スライドと一緒に使うこともできます。部品に正確に当てられるノギスやマイクロメーターを持っておらず、光学コンパレーターと呼ばれるもっと大きな測定器もないけれど、寸法を正確に測定したいという場合、たいていはこれが最適な方法です。

　たとえば私は、新型コロナ禍の時期にマスクの製造販売をするにあたり、1mm間隔の主目盛りと0.1mm間隔の副目盛りが刻まれたスライドグラスを使い、提供するマスク生地それぞれの織糸間隔を測定・記録しました（顧客が注文する際、マスクの布の織目密度を確認できるようにするためです）。目盛り付きスライドグラスは、1μm（マイクロメートル＝1000分の1mm）間隔のものまで販売されています。可視光の波長よりもわずかに大きいだけで、よほど倍率を高くしなければ見ることができません。

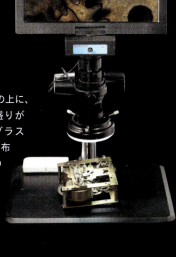

▶私のお気に入りの、ズーム可能なビデオ検査顕微鏡。ほとんどこればかり使っています。1台持っていて損はありません。

▼マスク用の生地の上に、0.1mm刻みの目盛りがついたスライドグラスを置いたところ。布の1インチ四方の経糸・緯糸の合計本数を「打ち込み本数」といい、この場合は60＋60＝120です。

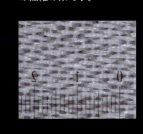

◀実にすばらしいズーム機能付き実体顕微鏡。ステージ（試料を置く部分）の上方と下方に照明が付いています。

▼同じスライドグラスを絹の生地の上に置くと、絹糸がどれほど細いかがわかります。しかも、1本の糸に見えるものは実は何十本もの繊維の束です。

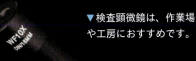

▼検査顕微鏡は、作業場や工房におすすめです。

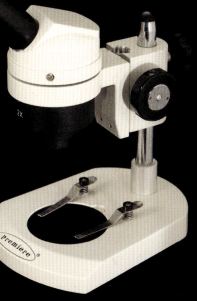

◀これは目盛りを読み取るための顕微鏡で、一般に検査顕微鏡と呼ばれています。面白い甲虫の観察にも使えますが、各種の測定器の非常に細かい目盛りを読み取るためのものです。多くの測定機器が測定結果をデジタル表示するようになった現在では、ほとんど使われなくなりました。

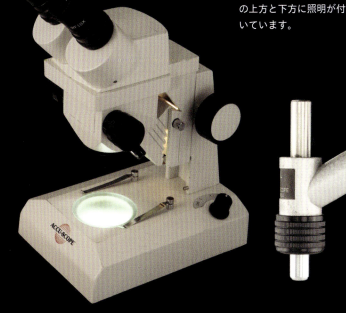

◀極めて専門的な用途の顕微鏡。フライス盤のスピンドル（主軸）に取り付け、十字線を見ながら芯出し（正確な回転中心の位置決め）をします。

スクリューガン

1台で最も幅広く使えて便利な手持ち式電動工具は、ドリルとドライバーを兼ねる工具です。本書の前の方のページでは、私の独断で「ドリル」というカテゴリーに入れました。最近のリチウム電池駆動のドリル／ドライバーは、穴あけもネジ回しも非常にうまくこなします。

一方、ここで紹介するスクリューガンはねじ回し専用です。せっぱ詰まった時には（ドライバービットのソケットに合う六角シャンクのドリルをはめて）ドリルとして使えなくはありませんが、回転が遅くて不便です。また、ソケットアダプターを付けて非常に軽いレンチとしても使えます（インパクトレンチ並みのトルクはありません）。

スクリューガンの大きな長所は、小型で軽いことです。どんな直径のビットにも対応する大きなチャックではなく、標準化された4分の1インチの六角ソケットがあり、そこにさまざまなドライバービット、エクステンション、ユニバーサルジョイントなどを取り付けることができます。

私は、便利そうに見えたスクリューガンをたくさん買いましたが、結局自分では使っていません。ねじを回す時は、もっと大きなドリル／ドライバーを使います（いつも手元にあるので）。さて、ねじの取り付けに使う道具は、当然取り外しにも使えます。しかし、ねじ以外の留め具の場合、それは必ずしも当てはまりません。次のページでは多彩な抜去専用工具を紹介します。

▲これは、私のお気に入りのなかで一番巧妙なクイックチェンジ工具です。同一工具で下穴あけとねじ止めを交互にしたいという現実的な問題の解決を志向しています。

◀このページの工具はスクリューガンと総称されますが、この写真ほど名前と見た目が一致している例は珍しいです。なお、125ページの爆薬式ネイルガンとは違い、実際には銃のようには作動しません。

▲ほとんどの電動ドライバーはコードレスで、こういう形です。

▶超高級小型精密電動ドライバー「Wowstick 1F+」。デザインには、どう見てもアップル社の影響が顕著です。鉛筆のように持って使います。これで回すねじは非常に小さいので、トルクは問題になりません。

▲確実な金儲けの方法を教えましょう。新しいデザインのクイックチェンジ・スクリューガンを開発して、私に見せるのです。私は使わなくても買いますから。

▶「ヤンキー」ブランドのスパイラルドライバーは、ほぼ常にマイナスドライバービットで使われたため、ねじを回そうとするとしょっちゅうビットがねじ頭の溝から外れてしまうという、腹立たしい工具でした。

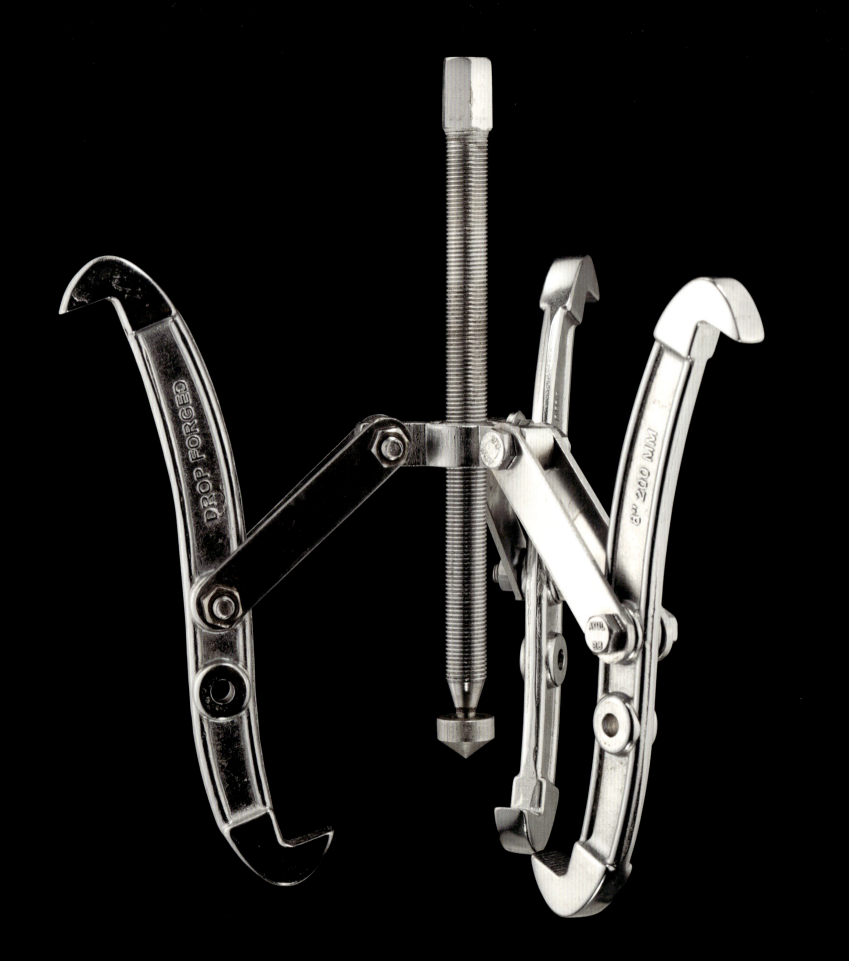

引き抜き工具

あるべきでない場所に打たれている釘を抜くのは、苛立たしい作業です。過去およそ2000年にわたってさまざまな釘抜きが作られてきましたが、完璧な設計はありません。

釘が適切に打ち込まれている場合、釘の頭部のほとんどは部材の表面より少し下にめり込んでいます。その釘を抜くには、釘抜きを釘の頭の下にもぐり込ませる以外なく、その際にはどうしても釘の頭の周囲の部材にどいてもらわねばなりません。

「猫の手型」の釘抜きは、先端部のV字状の切れ込みでカギ爪のように釘の頭のすぐ下を捉え、てこの原理で釘を引き抜きます。しかし、最初に爪を釘の頭の下に差し込むには、周囲の木材を傷つけて工具を食い込ませなければなりません。一方、スライドハンマー式釘抜きは、先が尖った2本の爪を持ち、上下にスライドする柄に重りが付いていて、重りを叩きつけることで2本の爪の先端を釘の頭の両脇にめりこませます。周囲の木材を広範囲に食い荒らす必要はありません。爪につながるレバーをてこにして釘を抜きはじめると、爪が釘を掴む力が自動的に増していきます。〔実際に見ないとわかりにくいので、「Slide Hammer Nail Puller」でウェブ全体から動画検索してみましょう〕。

何かを力技で引き抜く必要がある状況は、他にもあります。たとえば、シャフトや車軸の端からプーリーやハブやギアを取り外す時です。この仕事をするのがギアプラーで、ギアにフックをかけてねじを回すと、ギアを手前に引きつつ真ん中でシャフトを押すので、比較的穏便に取り外せます。これで駄目な場合はハンマーを使いたくなりますが、ひとつ問題があります。普通のハンマーは、対象物を手前に向けて叩き出すことはできません。これを解決するのが、スライドハンマーです。はずしたいものに爪をかけてから、柄の軸に付いている重りを手前に動かして端の止め具に打ち付けることで、抜きたいものに対して、引く方向への強い衝撃を伝えることができます。

◀このスライドハンマーは、重りがロッド（心棒）に沿って上下にスライドします。引き抜きたいもの（たとえば車軸から外したいホイール）に、適合するアダプターを使って工具を取り付け、ロッドの手前側の端にあるストッパーに重りを勢いよくぶつけて、引き抜きます。

◀頑固なギアやプーリーをシャフトから外すためのギアプラー。3本の爪をギアの外側に引っ掛け、中央のロッドの先をシャフトにあてて、ねじを締める方向に回すと、ギアが引き出されます。

▼「猫の手」タイプの釘抜きは、プレスから鍛造、美しい完全機械加工まで、多様な製法で作られます。

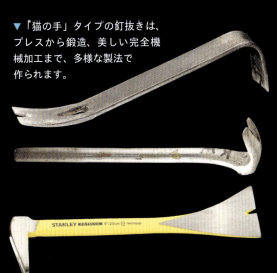

◀手になじむ木の柄がついた、上質の小型釘抜き。小さな釘や画鋲を引き抜く時に使います。

▶スライドハンマー式釘抜きは巧妙です。柄をくるむ円筒状の重りで先端の爪を部材に打ち込んで釘の頭を掴み、それをてこの原理で引き抜きます。

▶このミニチュア・ギアプラー（幅約2.5cm）は巻き爪の両端を持ち上げる矯正具だそうです。これを足の親指の先に付けてどうやって生活するのか、見当もつきません〔取説によれば1回10分程度で外すそうです〕。

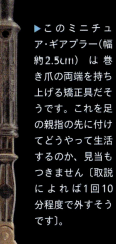

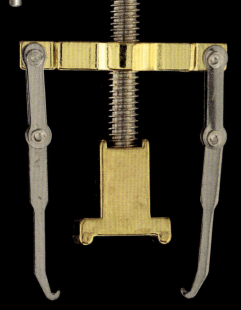

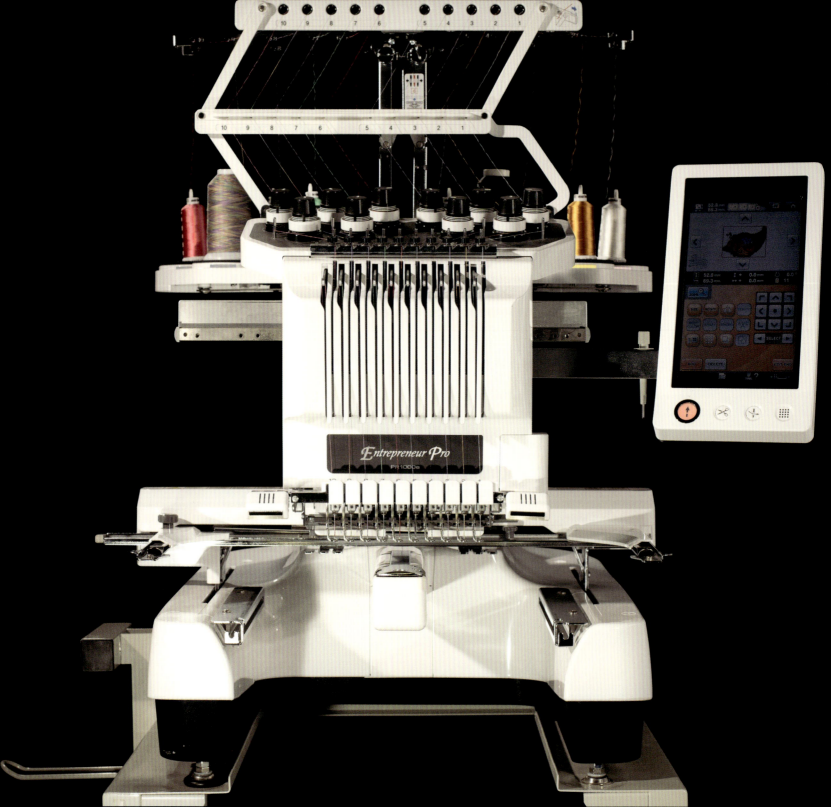

裁縫用具

合理的な定義で考えれば、ミシンは精密工作機械です。通常そのように分類されないのはおかしいと思えてなりません。少なくともメイカー（119ページ参照）向けレンタル工房の多くは、標準的な3Dプリンターやレーザーカッターやcncルータと並んで、コンピューター制御の刺繍ミシンを置いています。

私の工房には、工作機械としか呼べないような大型のミシンが2台あります。比較的小さい方は10本針の刺繍ミシンで、真の猛獣は巨大なフルフレームのキルティングミシンです。先日、このキルティングミシンのメイン・ビーム（布を間に挟んで前後に動いて縫う機構で、下の写真の奥の白くて四角い部分）を自作の台車に載せられるか調べるために重さを量ったところ、およそ1300ポンド（590kg）、つまり半トンを超えることがわかりました。ビームだけでこの重さです！（ちなみに、台車には積載可能だとわかりました。）

縫製は、ものづくりの技術の中で興味深いニッチに位置しています。3Dプリンターを除くほぼすべての大型工作機械は、除去製造（subtractive manufacturing）を行います。つまり、材料の塊から出発し、切削や研磨など、「引き算」で目的の形にします。一方、3Dプリンターは付加製造（additive manufacturing）で、何もないところから出発して、望みの形になるまで材料を足していきます。

ミシンや刺繍ミシンは、新たな素材（糸）を足していく点では3Dプリンターに似ていますが、もとの素材（生地、中綿、安定紙など）から出発して、切ったり変形させたりして最終形態にしていく道具でもあります。（一方、編み機は純粋な3Dプリンターで、糸巻の糸を巧妙に編み上げて、セーターに変身させます。）

こうした「ソフトな」機械は作業場にふさわしい工具として高く評価すべきだと思います。もっと「ハードな」機械で斧を研ぎたい方は、次のページの工具をどうぞ。

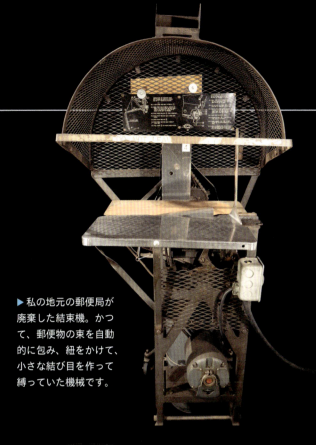
▶ 私の地元の郵便局が廃棄した結束機。かつて、郵便物の束を自動的に包み、紐をかけて、小さな結び目を作って縛っていた機械です。

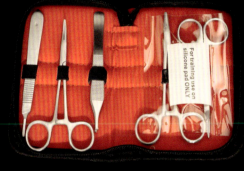

◀ この美しいCNC（コンピューター数値制御）ミシンは、最大10色の糸を使い、自動で図案を刺繍してくれます。大きさは学生寮の冷蔵庫くらいあります。

▲ このキルティングミシンはX-Yペンプロッターに似た仕組みですが、ペンの代わりにミシンが付いていて、8フィート（2.4m）四方の作業域内で自由に動きます。サイズは中型セダン2台分で、私が所有するミシンの中では最大です。

▲ このミシンは一度に最大300個の刺繍ワッペンの縫い取りができ、超幅広の生地1ロールで数万個のワッペンが出来上がります。ミシンの幅は45フィート（14m）で、グレイハウンド・バスと大体同じ大きさと重さです。

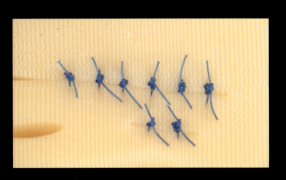
▲ 巨大ミシンの対極にある小さなセット。しばらく前に私は、小さなほくろを自分で切除したいと思い立ち、この外科用切開縫合練習セットを買って、シリコーンの練習用パッドで縫合の練習を重ね、かなり腕を上げました。幸い、実際に自分のほくろを切り取る前に正気に戻りました。

ベンチグラインダー（卓上研削盤）

研削は、コンクリートドリルや削岩機の仕事とは反対の現象とも言えます。鋼鉄と石が対決するのは同じでも、研削は石が勝つのです。鋼鉄のノミを回転する砥石車に当てると刃を研ぐことができるのに、そのノミを同じ砥石車の側面に当ててハンマーで叩くと砥石車が真っ二つに割れることには、不思議な魅力を感じます。結果を分けるのは、硬さ、脆さ、靭性〔外力によって破壊されにくい性質〕の相対的な度合いです。砥石が金属を少しずつ削り取れる状況であれば、石の高い硬度が勝ちます。けれども、鋼鉄の鈍い切っ先と石が正面からぶつかると、鋼鉄の優れた靭性が勝つのです。

良好な状態の砥石はほぼあらゆるものを研ぐことができます。すり減って溝ができたような古い砥石でも、ボルトの頭の形を整えたり、おもちゃの矢（私の子供たちが小さいころのお気に入りでした）を研いだり、必要に応じて金属片に切れ込みやカーブを作ったり、切断した棒の端のバリ取りや丸めをしたりすることはできます。

産業レベルでは、さまざまな高精度機械加工で研削が利用されています。たとえば、フライス加工より平坦で正確な加工面が得られる平面研削、正確な丸い形状を高速で反復加工できるセンターレス研削、クランクシャフトその他の製造に使われる円筒研削などです。けれども、個人の作業場では、研削は通常は人間が手を使う作業です。つまり、研削工具かワーク（加工対象物）のどちらかを手で持って、感触で調整しながら行います。工具を手で持つハンドグラインダーは127ページで紹介しましたから、このページでは、ワークの方を手で持って使う、据え置き式のベンチグラインダーを取り上げます。

一般的なベンチグラインダーは、真ん中にモーターがあり、両側に砥石車が付いています。砥石車は、粒度の細かい砥石と粗い砥石、砥石とバフ、砥石とワイヤーホイールなど、自由に組み合わせることができます。研削機を使う際は、保護メガネと、できれば革の上着とフェイスシールドを着用することを強くお勧めします。火花が散るからです。また、スイッチを入れる時、私はいつも本能的に砥石車の軌道線上を避けて立ちます。砥石が吹っ飛んでこないとは限りませんからね。

▲もしあなたが斧を研ぎたければ、この工具がぴったりです。このペダル式砥石車なら、敵に復讐するための鋭利な刃物を研ぎながら、足腰のトレーニングもできそうです。実はこの砥石は硬度がかなり低く、実際に研ぐのにはあまり役に立ちませんが、平和のためにはそれでいいのです。

◀砥石車にはどうしてもへこみや目詰まりが起きますが、ドレッシング砥石（ドレッサー）を使えば元通りの状態を取り戻せます。写真のドレッサーは硬化鋼製の円形歯が回転するタイプで、砥石車にあてると一緒に回転し、砥石を強くこすることなく効率的に削って回復させます。

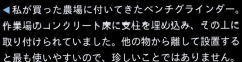

◀私が買った農場に付いてきたベンチグラインダー。作業場のコンクリート床に支柱を埋め込み、その上に取り付けられていました。他の物から離して設置すると最も使いやすいので、珍しいことではありません。

▶私は自宅と工房の両方に、小型のベンチグラインダーを何台か置いています。パワーはありませんが、その分比較的安全です。1台は、私が販売しているキットに入れる極小の#2ねじ山付きロッドの端のバリ取りに使っています。この用途には小型で十分です。

▲限りなく「箱」に近いグラインダー。

▲この小さな砥石を手で回して実際に何かを研ぐには、かなりの労力が必要です。

◀このずんぐりした古いベルト駆動の砥石車は、大型草刈り機の歯を研ぐために使われていました。

163

かんな

かんな、特に古風なブロックプレーン（木口かんな）は、おそらく工具の世界で最も議論を呼ぶテーマです。人々は、工具ブランドへの忠誠心を超えて、かんなに深い思い入れを持っています。日本では、木材にかんなをかけ、誰が最も薄く美しい「削り華」（かんなくず）を作り出すかを競う全国大会が開催されているほどです。

私自身は、ブロックプレーンは使いません。どんな場合でも、手押しかんな、自動かんな、手持ち動力かんな、厚みサンダー、ベルトサンダー、ランダムサンダーを使った方が、より早く、よりうまく作業できるからです。

これを読んだ途端、私を「工具のことを何も知らない大馬鹿で、再教育キャンプに送るべきだ」と言い出す人がいることは承知しています。そういう人たちには、わが家から近いイリノイ州アーサーに、アーミッシュのコミュニティという教育キャンプがあるよ、とお答えします。しかし、アーミッシュもブロックプレーンは使いません。彼らは電気を使いませんが、ディーゼルエンジンで油圧ポンプやエアコンプレッサーを駆動し、手押しかんな、自動かんな、手持ち動力かんな、厚みサンダー、その他あらゆる動力式工具を動かしています。

▲大入れやほぞを切ったり、部材を望みの形に整えたりするための各種の専用かんながありますが、そうした作業はルーターを使った方が簡単です。

◀この手持ち式電動かんなは、お気に入りの道具のひとつです。めったに使いませんが、使う時にはスピードと見事な切れ味で必ず私を満足させてくれます。

▼新旧の鋼鉄製ブロックプレーン。

◀そうはいっても、この面取りかんなだけは、実に便利です。板の尖った角を素早く丸め、ささくれのない美しい仕上がりにしてくれます。ルーターをまるごと引っ張り出さずに済むのはありがたいことです。

▶木製のブロックプレーンには、小さなものから腕ほどの長さのものまであります。刃先が底面より少し下に出るように刃がセットされ、部材の表面より上に出ているものを削り落とします。全体が長いほど、正確に平坦な面を作れます。

▲手押しかんなは刃が上向きに取り付けられている動力かんなで、板の方をかんなの上で押して動かします。

▲自動かんなは、上にかんなの刃、下に平らな台が付いた動力工具で、板を入れると自動で送って、表面を平坦かつ滑らかにします。刃の高さを少しずつ下げながら削る作業を繰り返せば、望みの厚さの平らな板が出来上がります。

◀左から順に、トリュフ、チーズ、かかとの角質を削るかんなです。

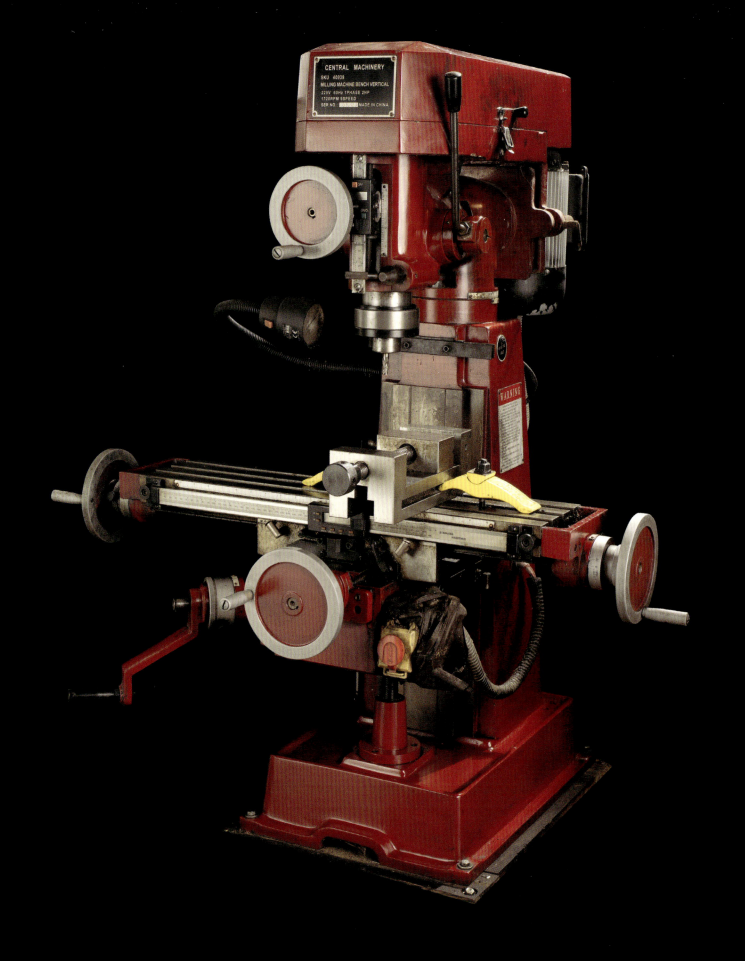

フライス盤

　アルミニウムや鋼鉄の加工にルーターを使うのは無意味です。金属の切削には、もっと大きな圧力が必要だからです。フライス盤は、ビットとワークが同じ機械にがっちり固定されている点はルーターと似ています。動きは親ねじによって制御され、狂いはほぼありません。フライス盤はばかでかい鋳鉄の塊で、機械加工で作られた機構によって前後左右にスライド可能なテーブルと、100ポンド（50kg）以上の重さのバイス（万力）が備わっています。この工具のとてつもない重さは、ある種の深い満足感を与えてくれると同時に、ひどい不便ももたらします。

　材料に鋳鉄が選ばれる理由は、安価で鋳造がしやすく、機械加工も容易だからです。それ以上に重要なのは、耐摩耗性に優れ、振動吸収性もある点で、これはどちらも重量と金属の内部構造によって生み出されます。鋳鉄の強度があまり高くないという問題は部品を分厚くすることで簡単に克服でき、重厚な部品は振動吸収にも貢献します。かくしてフライス盤の部品は誰もが納得するだけの厚さになり、さらにその2倍の厚さにされるのです（そうしていけない理由はありませんから）。

　このような強度と堅牢さのすべてが切削用の刃物（フライスやエンドミル）を支えることで、鋭利な刃先がワークに押し付けられます。機械はその剛性で切削時にかかる力に対抗し、刃物とワークのアライメント（位置合わせ）を、求められる切削精度（通常1000分の1インチ[0.02mm]）に保ちます。

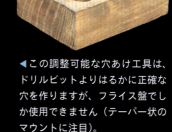

◀この調整可能な穴あけ工具は、ドリルビットよりはるかに正確な穴を作りますが、フライス盤でしか使用できません（テーパー状のマウントに注目）。

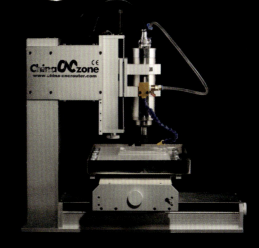

▲誰もがフライス盤のテーブルを手で動かして簡単な部品を作る方法を学ぶべきだと思いますが、最近はほぼコンピューター制御です。私は小型のCNCモデルで、自分の販売するエンジン模型キット用の小さな真鍮部品を削っています。

◀旧世代のフライス盤はフルサイズだと重さが1〜2トンもあり、人力で持ち上げるのは不可能です。写真は小型の卓上フライス盤ですが、それでも私の力では持ち上がりませんでした。ただ、傾けることは可能だったので、少しずつ台座を差し込んでいって、最終的に使いやすい高さにすることができました。

▼最高級エンドミルは、全体がタングステンカーバイド製です。

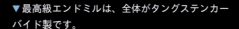
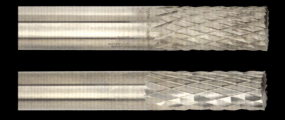

▼フライス盤の切削工具はドリルビットに少し似ていますが、先端は平坦または丸くなっています。下向きに穴を穿つのではなく、横方向へ進み、同サイズのドリルよりはるかに多くの部材を削ります。

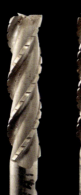

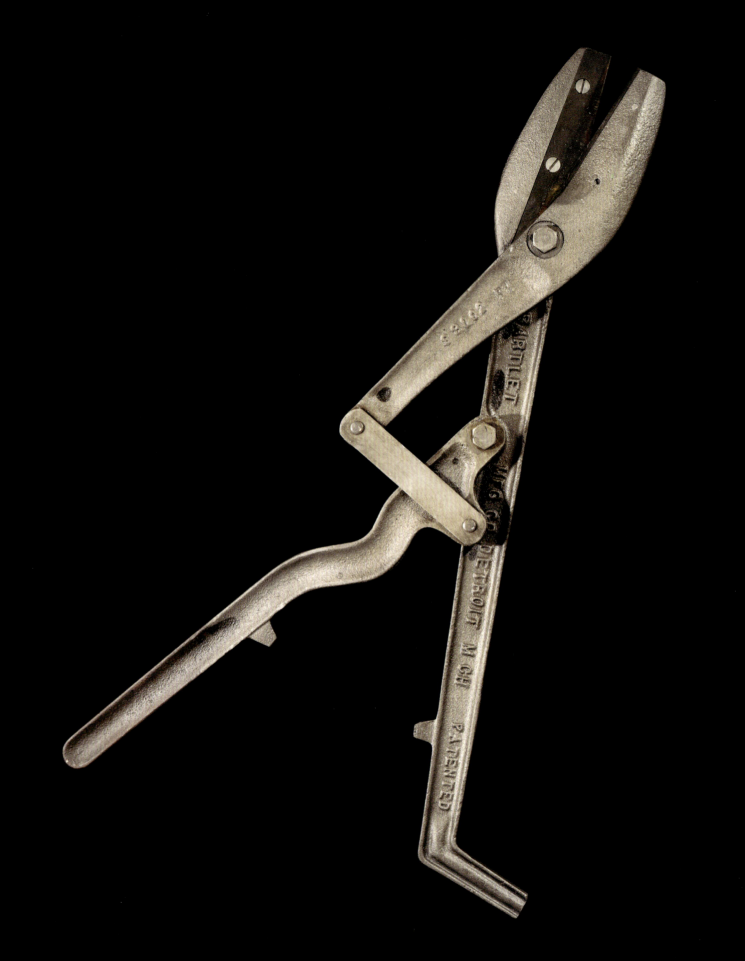

シャー（剪断工具）

金属の薄い板はブリキ鋏（スニップ）で切ることができますが、厚みのある金属板は通常、卓上シャー（剪断機）が必要です。工業用の剪断工具には、強力なあごを持つ見た目も仕組みも大きな鋏のようなものもあれば、鋭利な刃が四角い作業台の横を上下に動いて切るタイプのものもあります。

昔からある押し切り式のペーパーカッターも、シャーの一種です。金属板用のシャーはそれに比べて巨大ですが、動作の原理はよく似ています。どちらも、刃は材料の一方の端から切りはじめ、もう一方の端に向かって徐々に切り進みます。一度に全部まとめて刃に当てるのではなく、材料の一部分だけを切断しては次に進むのです。

他のシャー、たとえばリノリウムや古いアスベストタイル用の剪断工具は、材料が間違った方向に裂けるのを避けるため、幅全体を同時に切断します。

シャーは一般に直線切り専用で、鋏のような形状の場合でも、ゆるやかな曲線までしか切ることができません。非常に複雑な曲線を切るために特別に設計された工具は、次のページでご紹介します。

◀タバコの葉を切るためのシャー。

◀この大型の金属用シャーは、ブリキ鋏のレベルを超えています。複合てこと全体の大きさを生かして、比較的厚い金属板を切断します。

◀特定の材料を専門に切るシャーもよくあります。これはチーズ専用です。

◀ライノタイプ〔活字鋳植機〕から出る鉛スラグ切断用のシャー。

▲正体不明のカッター／スリッター。何かご存じの方は教えて下さい。アスベストタイルカッターではありません。

▲「ジョーズ・オブ・ライフ（救命あご）」の名で知られる油圧式救助器具。事故車のドアを切って、閉じ込められた人を救助します。油圧ポンプはガソリンエンジンで動かします。

▶この模造ビバリー・シャー（一般名はスロートレス・シャー）は、特大のブリキ鋏のように金属板を切断します。刃の奥側に障害物がないので、左右にゆるくカーブする切断も可能です。

▶金属板を曲げるプレスブレーキとシャーと3本ロールベンダーが一緒になった小型の複合機。最大30インチ（760mm）幅の板金を切断できます。下部にある刃は水平ではないので、全幅を同時に切断するのではなく、右から左へ少しずつ切っていきます。この機械の大型バージョンには、何トンもの重さの刃とビットを備えた、バスと同じくらいのサイズのものもあります。

169

パンタグラフ

　左ページのパンタグラフ・フライス盤は、カンザスシティで開かれた遺品オークションで入手しました。少し前に他界した音楽プロデューサーの遺品です。彼の資産には、小川が流れる美しい敷地に建つ3棟の建物がありました。他にたいした工作機械も持っていない音楽プロデューサーがなぜこの巨獣を所有していたのかは、皆目わかりません。

　パンタグラフは、今日のCNC（コンピューター数値制御）のフライス盤や彫刻機、レーザーカッターの前身にあたる手動式機械です。ポインターの針が元の図案の輪郭やテンプレートの溝をなぞり、その動きを、棒を菱形に連結した伸縮機構で巧妙に伝達して、切削ビットに同じ動きをさせます。多くの場合、機械はポインターの動きを10分の1まで縮小できる設定になっており、大きなテンプレートを使って指輪に小さな文字を彫ったり、時計の文字盤に複雑なデザインを繊細に刻み付けたりできます。

　テンプレートそれ自体も、とても美しいものです。私は、自作の周期表テーブルの各マスの蓋にする四角い木の板に文字を刻む時、真鍮製の装飾文字テンプレートセットを使い、高さ2インチ（5cm）のテンプレートの文字を2分の1に縮小しました。テンプレートは線刻されており、おそらく左ページのと似たような機械で、もっと大きなテンプレートをもとに作られたのでしょう。一番最初は誰かの手書き文字だったに違いありません。

　この種の装置は今ではあまり需要がありません。小型で軽量のCNC彫刻機で同じ仕事ができるうえ、実際のパターンをなぞる必要もなく、座標を並べたプログラムファイルを実行すればどんなデザインでも彫れるからです。

▶手動式パンタグラフを使うには、ポインターでなぞるためのテンプレートが必要です。これは、ドイツ字体のアルファベットを網羅した美しい真鍮の文字セットの1枚です。

◀私が所有するなかで2番目に重い工具。旧式のパンタグラフ・フライス盤です。常識外れに重いし、ひどく時代遅れで、買わない方がよかったかもしれません。

▼これは、木やプラスチック板に刻字して標識などを作るための、比較的手頃なパンタグラフ彫刻機です。私はこの機械を長時間にわたり駆使して、周期表テーブルのすべての木製の蓋に文字を彫りました。実際に部材を削るルーターの部分は、小型電気モーターの回転軸の先にコレットチャックが付いているだけです。

▲文字と数字は、左下写真のパンタグラフ彫刻機でトレースして彫ったV字型の溝で作られています。

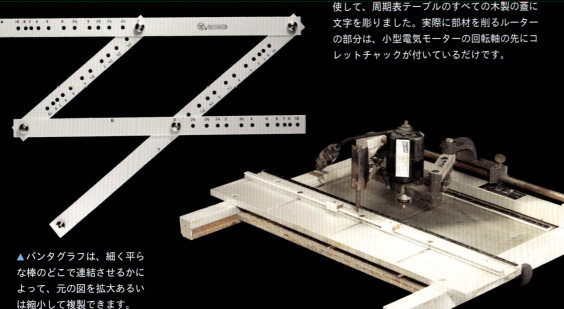

▲パンタグラフは、細く平らな棒のどこで連結させるかによって、元の図を拡大あるいは縮小して複製できます。

▲私が本を書くようになったきっかけが、この周期表テーブルです。オフィスに机が欲しかったのでジョークで作りました。これで人生が変わるとは思いもしませんでした。最初の成果は『世界で一番美しい元素図鑑』に結実しました。

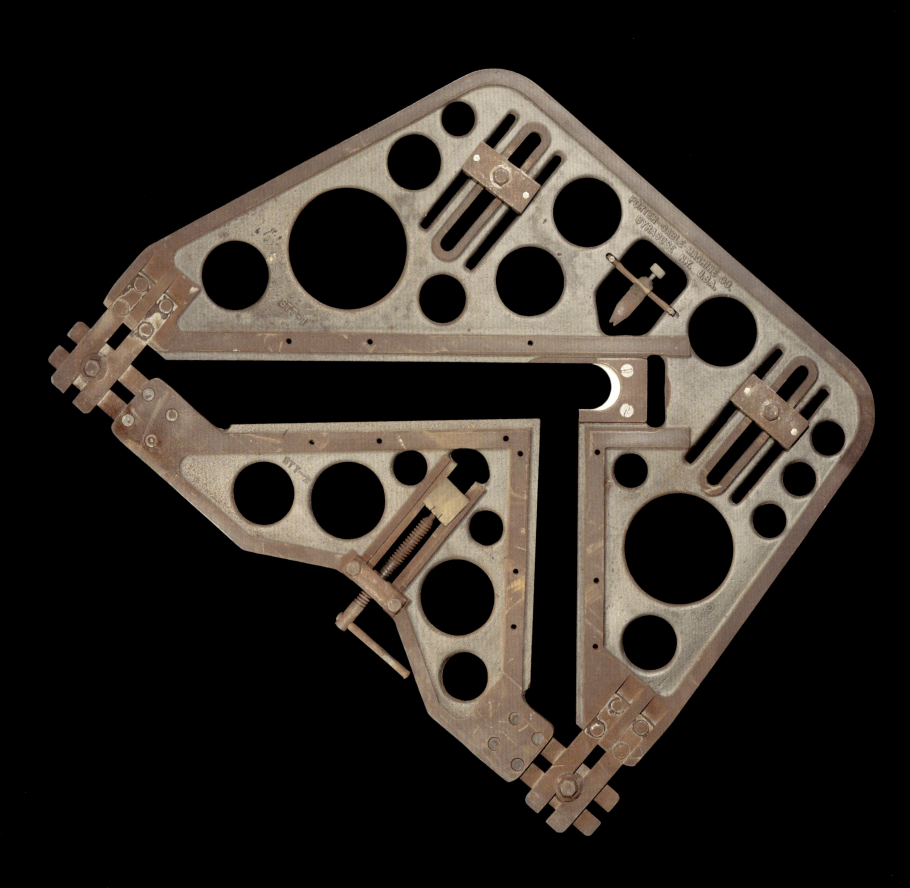

ジグ（治具）

　ジグ（治具）や目印を付けた棒などは、もっと一般的な汎用測定具（定規など）の代わりとして使われます。多様な目的に使えるものもありますが、多くの場合、特定の作業に必要な寸法に合わせたカスタムジグを作るのが最善のやり方です。私も長い年月の間にカスタムジグをたくさん作りましたが、保管しているのはほんのいくつかだけです。目的の作業が終わると、ジグはたいてい捨てられるか、分解されて何か別のものの部品として使われるからです。

　たとえば、私は最近、新しくわが家に迎えた犬のためにフェンスを作りました。コンクリートの土台に立てた支柱を正しい高さに切りそろえ、見ばえを考えて片側を斜めに面取りすることにしました。高さの違う2ヵ所（柱の両側に1ヵ所ずつ）に規定寸法で印をつけ、ノコギリガイドをクランプで取り付けて切ることもできましたが、私はその代わりに、柱の上にはめるジグを作り、ねじで仮止めしました。これならノコギリを走らせる2ヵ所のラインが一度にわかります。

　もっと手の込んだ例としては、息子が設計したパーゴラで、屋根の羽目板をはめる溝を切るために作ったジグがあります。屋根用の板は、冬は日光が入り夏は日差しを遮る角度で正確に取り付けなければなりません。屋根板を受ける梁に、その角度と深さで150ヵ所の斜め溝を切る必要がありました。ジグのおかげで作業は迅速に進み、どの溝も完璧にそろいました。

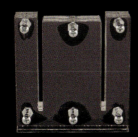

▲私が製作・販売しているアクリル模型キットには、アクリル板をレーザーカットした後に曲げなければならない部品がひとつあります。このジグを使えば、冷却しながら正しい形にできます。

◀この非常に重い鋳鉄製のルーター用ジグは、階段のささら桁（げた）や側桁（がわげた）（階段の両側で踏板を支える2枚の長い板）に板受けの溝を切るためのものです。治具のあちこちを微調整することで、踏板のサイズと間隔を望みの値にできます。

◀フェンス支柱の上を切るための自作ジグ。

▶パーゴラの梁の溝切り用ジグ。

▶このジグは、ドリルビットを自動的に板の中心に合わせます。

◀ポケットホール・ジグ。板の端に急角度で穴を開ける際にビットの位置を合わせます。

▲この道具の存在を、もっと早く知りたかった！穴のあいた薄板の上に別の薄板を重ねて、上の板にも下と全く同じ位置に穴をあけなければならないとします。この「穴位置合わせ器」を2枚の薄板の間に入れ、ジグ下側先端のでっぱりを下の板の穴に合わせれば、上側の板の正確に同じ位置にドリルで穴をあけることができます。

チェンソー

　チェンソーは、木を伐り倒すのにも、伐採した木を切り刻むのにも、驚異的なくらい便利な道具です。危険な工具としても有名です。強力な工具は——特に人間よりもパワーがあるものは——どれも危険です。あなたの力を上回るドリルは、あなたを手首骨折で病院送りにできます。強力なチェンソーは、あなたの身体をいくつかに切り分けて病院送りにしかねません。ですから私は、多くの場合、目的の仕事をこなせるぎりぎりのパワーしかない工具を使うことにしています。経験豊富な林業者なら大型のチェンソーを安全に操れますが、私は2年に1度くらいしか使わないので、自分の手に余るものは使いたくないのです。

　私のお気に入りのチェンソーは、ディスカウント工具チェーン店で買った安いAC電源式モデルです。特に出来が良いわけではありませんが、本格的モデル1台分のお金で10台は買えます（今のところ2台で間に合っています）。

　その安物チェンソーでさえ、直径1フィート（30cm）のオークの木を難なく輪切りにします。チェンソーは情け容赦がありません。それに対して次ページの糸ノコ盤は穏和で、力任せの効率よりも冷静な正確さを重んじます。

◀ 私の地元の消防署が、炎上する建物に突入するために装備しているバッテリー駆動のチェンソー。これはかなりお勧めの品だと思います。刃に取り付けられている奇妙な部品は、壁や屋根を深く切りすぎないようにするためのストッパーです。

▼ この安い電動チェンソーは、ハードな伐採現場では1日で壊れかねませんが、その1日だけで、都市郊外の戸建て住宅所有者が一生に切るのと同じくらいたくさんの木を切ることでしょう。

▼ 一般的な小型のガソリン式チェンソーは、ガソリンエンジン部分以外は素晴らしい工具です。エンジンがかからないのが致命的です。

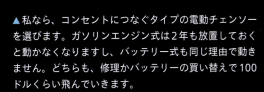

▲ 私なら、コンセントにつなぐタイプの電動チェンソーを選びます。ガソリンエンジン式は2年も放置しておくと動かなくなりますし、バッテリー式も同じ理由で動きません。どちらも、修理かバッテリーの買い替えで100ドルくらい飛んでいきます。

糸ノコ盤

　卓上型のテーブル付き電動糸ノコ、それが糸ノコ盤です。非常に薄い刃の両端を強く引いて張力をかけ、まっすぐに保っています。刃が薄く細いので、シャープな角も緩やかな曲線や円弧も切ることが可能です。糸ノコ盤は大型でどっしりと安定していて、ワーク（加工対象物）を極めて正確に誘導できます。象嵌や透かし彫りなど複雑な形を切りたい場合には、レーザーカッターやウォータージェットカッターを除けば、糸ノコ盤が最適です。糸ノコ盤を使って作れる美しいものはたくさんあります。私も、もしレーザーカッターを持っていなければ、糸ノコ盤を頻繁に使うと思います。

　糸ノコ盤は、ジグソーやレシプロソーのように動きがぎくしゃくしそうに見えるかもしれませんが、実際は非常に穏やかで、その手応えはバンドソーに次ぐくらい滑らかです。刃に張力をかける方法には、3つのアプローチがあります。最もシンプルなのは、装置の底部のモーターが刃を下に引き、上部のスプリングが上に引くという形で、刃は下降する時に部材を切ります。第2の方法では、刃の両端をC字型のアームが保持し、アーム全体が上下に動いて切断します。手挽きの糸ノコと同様の原理です。

　現代の最も一般的な設計は、テーブルの上方と下方に1本ずつアームを配置し、背後に両者をつなぐバーを設けています。刃を上下に動かすのはこのアームまたはその先端部のレバーで、フレームの動きは最小限に抑えられています。

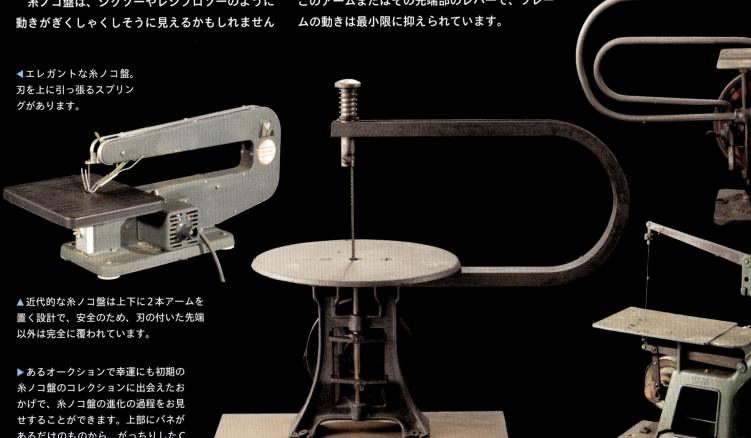

◀エレガントな糸ノコ盤。刃を上に引っ張るスプリングがあります。

▲近代的な糸ノコ盤は上下に2本アームを置く設計で、安全のため、刃の付いた先端以外は完全に覆われています。

▶あるオークションで幸運にも初期の糸ノコ盤のコレクションに出会えたおかげで、糸ノコ盤の進化の過程をお見せすることができます。上部にバネがあるだけのものから、がっちりしたC字アームが動くものを経て、現代の糸ノコ盤のように2本のアームが上下に配されたものへという流れです。

177

大型の固定式丸ノコ

ラジアルアームソーは、安全性の面では悪評ふんぷんです。最近は個人の作業場で見ることは少なくなりましたが、50年代から70年代にかけては、すべての木工愛好家にとっての夢の工具として宣伝されていました。このソーは、（指の切断も含めて）なんでもできました。ラジアルアームソーで安全にできる作業もたくさんありますが、決してやってはいけないこともあります。最大の問題は、一般に刃がガードなしでむき出しのため、何らかの問題が起きると、回転しながら唸りをあげてあなたの方へ飛んでくる可能性があることです。

ラジアルアームソーがする作業は、複合スライドマイターソーやテーブルソーやルーターや形削り盤（シェーパー）といった今の工具を組み合わせれば全部できます。これらの工具は、それぞれの作業において、ラジアルアームソーより優秀で安全です。テーブルソーが最適解の作業は、ラジアルアームソーでは最も危険な作業のひとつです。

テーブルソーの最も便利な能力は、長い木材を長く切る（板を縦切りする）ことです。しかも、刃を傾ければ角度のついたカットもできますし、デイド（溝切り）用の歯を使えば、ルーターよりもずっと高速で溝を切れます。2人で作業すれば、合板1枚をまるごと切断することも可能です。屋内に大きなテーブルソーを置くスペースがない場合は、ポータブル・モデルを買って、必要な時だけ車庫の前の私道に出して使いましょう。テーブルソーはひどい騒音を出すので、園芸用ブロワーと並んで、私道で使って近所に嫌がらせをするには最高の道具のひとつです。

▲現代のマイターソーは、よほどの不注意がない限り、刃の詰まりが作業に影響することはありません。しかし、この珍しいハイブリッドのラジアルアーム・マイターソーの場合は、木材が駄目になり、装置が壊れ、1日の作業が水泡に帰し、あなたの手が悲劇に見舞われます。

◀このミニチュア・テーブルソーはおもちゃではなく、フルサイズモデルと同じくらい高価です。主な用途は、模型作りと、ステンドグラス制作で使う鉛や亜鉛のケイム〔H型やコの字型の枠線〕の切断です。

◀1950年代後半か60年代前半に製造されたこの怪物は、重い鋳鉄製のフレーム、コラム、アーム、ヨークを備えています。レイモンド・デウォルトが1925年に特許を取得したオリジナルのラジアルアームソー設計のひとつです。似たモデルは今も商業工房向けに生産され、いくつかの安全な用途に使われています。ノコギリ歯で傷がつくテーブルの表面は、定期的に交換可能です。

◀平凡なテーブルソーですが、私はこれで多くの作業をこなし、一度も裏切られたことがありません。

▶これは、水冷式ダイヤモンド刃でセラミックタイルを切断するための防水テーブルソーです。

その他の工具

　工具の分類項目が118もあるはずがないと思う人もいるでしょうが、作業場で使う一般的な工具に限ってみても、本書に掲載しきれなかったカテゴリーがたくさんあります。ここには、他のページに収まらなかった品の一部を載せました。

　工具のカテゴリーとみなされにくいもののひとつに、化学的な"道具"、つまり接着剤、塗料、オイル、溶剤などがあります。考えてみれば、これらは作業場でとても重宝する品々です。オイル1滴が奇跡を起こすこともあります。私は、作業場に粉末消火器があったおかげで家を丸焼けにせずに済んだことが一度あります（消火器の必要性を証明するには一度で十分です）。

　電気関係の道具もそうです。電圧・電流・抵抗計の使い方の知識は、電気器具の配線、照明の修理、車のバッテリートラブルの解決に役立ちます。

　また、電気安全工具が2、3種類あれば（全部合わせても昼食代にも届きません）、たとえ自分または誰かが配線ミスをしていても、あの世行きを免れます。

　石工用具、製図用具、自動車用工具、園芸用具、あるいは「これを忘れてるぞ」と言われるのがわかっていてもカテゴリー分類できなかったもの、そして実際に私が失念していたカテゴリーや私が一度も聞いたことのないカテゴリー。さらにその先には、高度に専門的な工具が無限に続きます。挙げだしたらきりがありません。ですから私は、自分が作業場で使ってとても重宝している磁石式掃除機をここに入れることにしました。派手に研削をした後にこれで床掃除をすると、鉄片や釘や研削くずが吸い付けられるカチャカチャピシピシという音に満足感を覚えます。

▲作業時に目を守る保護メガネほど重要な道具はない、とよく言われます。私の場合は、危険がどうこういう以前にひどい近視で眼鏡なしでは何もできないので、たぶん目は大丈夫だと思います。

▶電圧側の黒線（ライブ線）と接地側の白線（中性線）が逆に配線されたコンセントは、特にキッチンやバスルームでは命にかかわります。この写真のような安い道具があれば、家中のコンセントに差し込むだけで安全確認ができます。写真の測定器は電圧も教えてくれます。

◀コンクリートや石材関係の工具は本書にあまり載せていないので、せめてこのゴージャスな真鍮製の目地切り道具をご覧下さい。コンクリートの歩道で見かける数フィートおきの細い溝を作る工具です。コンクリートはいずれ必ずヒビが入るので、あらかじめ目地を作っておき、目地の底の目立たない場所にヒビが発生するよう仕向けるのです。

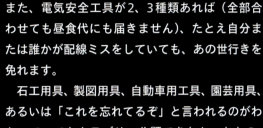

▶あらゆる問題を解決する万能のペア。動くべきものが動かない時はWD-40（防錆潤滑剤）。動いてはいけないものが動く時はダクトテープ。

▲まるで魔術！　この優れたコーキングガンは、チューブの中身を押し出しながら、チューブの空いた部分に刃で切れ目を入れて後方へ出していくので、長いプランジャーが不要です。全長はチューブの半分以下です。

▶かつて私は、ナトリウムパーティーと称して、金属ナトリウムの塊を自宅敷地内の池に放り込んで爆発させる実験をしました。この装置は、もっと制御された条件でナトリウムを水中に投じ、そのプロセスを動画撮影するための投擲機（とうてき）です。遠くから紐を引くとアームが回転し、ボウルの中身をタライの水に落とします。

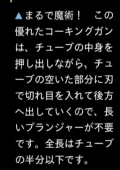

▲コンセントをいじったり、照明器具の配線を変えたりする前には、必ず非接触電圧検知器を使用すべきです。正しいブレーカーを落としたつもりでも、本当にそうだとは限りません。この非常に安い道具は、ライトの点滅で危険を知らせてくれます。

▶電子式下地センサーは、壁裏の間柱（まばしら）を見つけるという本来の役目ではまったく役に立ちませんが、お父さんに冗談でいたずらを仕掛けるには最適です。自分の身体にこれを当てると、かなりの確率で反応音が鳴るからです。

▶金属を使う作業の後、作業場や私道には金属の破片や切りくずがたくさん散らばっています。この磁石式掃除機は、本体の磁石でそうした金属をすべて引き寄せます。その後に上部のハンドルを引くと、中の磁石が持ち上がり、集まった金属くずが全部はずれて落ちます。

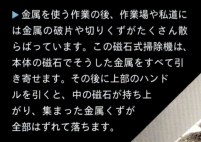

アンティークなオーガー
（螺旋工具）

　ドリルは、最も古くからある手持ち工具のひとつです。単純なスプーンビット〔先が匙状やくぼんだへら状の切削工具〕や千枚通しは数千年前からありました。今のような形のドリルビットは16世紀に作られはじめ、以来、基本的な形は変わっていません。百年前のドリルビットを見つけるのも比較的簡単です。捨てられずに残っているのは、きっと、丁寧に作られた意味のある品だからでしょう。

　歴史をざっと辿ると、最初の穴あけ工具はスプーンビットでした。単純な形状で先が尖っていないため、穴あけ中に方向を変えることが可能ですし、貫通する寸前まで穴を切削できます（そのため、今でも若干の用途が残っています）。

　次に現れたのはギムレットドリルでした。スプーンビットの先端を少しねじったような形ですが、最初から出来上がり寸法の穴を切削するのではなく、穴の底と側面を削ることで、掘り進むにつれて少しずつ穴の直径を広げます。

　その後に現れたオーガービットは現代のツイストドリルに最も近く、今も広く使われています。先端で切削し、切り屑を排出するための螺旋状のフルート（縦溝）があります。

◁木樽の側面や上部に栓用の穴（バングホール）をあける、スパイラルバングホールリーマという工具。その穴から中身を注ぎ込んで樽を満たした後、木栓を打ち込んで密閉します。ギムレットドリル同様、このリーマは奥に進む際に穴の内壁を少しずつ削り、円錐状の穴を作ります。

▲スプーンビットは、最も古い時代のドリルビットです。

▲ギムレットドリルも古くからあります。私は、木の幹の中心を丸ごとくり抜いて水道管を作るために使われた大型のギムレットドリルが欲しくてたまりません。

▼▶このようなオーガービットセットは、いつの時代も木工職人にとって大切な財産だったはずです。

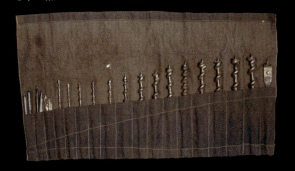

▶樽に中身を詰めたら、この木の栓を叩き込んで穴を塞ぎます。栓を抜く時は、木槌で横から叩いてゆるめます。

▶オーガービットの穴あけ深さを制御する道具。

▲樽の横腹の穴がバングホールです。

▶不思議な形をしたこのバングホールオーガーは、機能の異なるいくつかの部分で構成されています。尖った先端が工具を木材に食い込ませ、次の螺旋部分が穴を広げ、最後に側面の刃が、必要な口径まで円錐状に穴を削ります。

▲この樽用の栓は、抜き差しがしやすいよう持ち手がついています。

▼オーガービットに似ていますが、違います。切削する鋭い刃がどこにもありません。これはワインのコルク栓を抜く道具です。

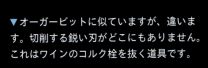

ボール盤

　一般的な個人の自宅の作業場で、複合スライドマイターソーの次に必須の固定式動力工具、それがボール盤（ドリルプレス）です。ドリルとクランピングテーブルが互いに対して相対的に固定されているので、手で持って使う電動ドリルよりもはるかに大きな力を、ずっと正確に加えることができます。

　たとえば、フォスナービットは穴をあけはじめる時に横方向の大きな力がかかるため、ボール盤でないと使用できません。手持ち式ドリルでフォスナービットを使おうとすると中心を外れてしまいますが、ボール盤は、ビットが自ら掘った穴によって支えられるまでの間、ビットを真下に向けて保持します。手持ちドリルで厚い鋼板に2分の1インチ（12mm）以上の穴を開けるのは困難ですが、ボール盤なら簡単です。

　ボール盤には、ワークをテーブルにクランプで固定せず、手で押さえながら使用することもできるという利点があります（このやり方は、ドリルビットが大きすぎたりモーターが強力すぎたりしない限り、よく行われますし安全です）。穴は常に正確に真下に向けて穿（うが）たれますし、テーブルにガイドをクランプで固定すれば、たとえば1枚の板の端から正確に同じ距離のところに順に穴をあけていくこともできます。ただし、絶対にワークから手を離さないようにしましょう。ビットか、指か、またはその両方が損傷します。

　ボール盤のパワーが必要なのに、ワークが大きすぎてボール盤に入らない時は？　それは次のページをご覧下さい。

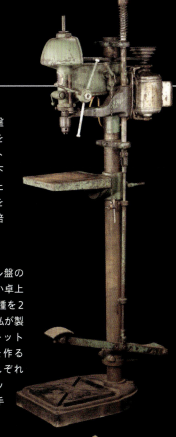

▶この古いボール盤は、両手でワークを押さえながらフットペダルでドリルを下ろすことができるため、誤って手に穴をあける可能性が2倍あります。

▼私は、2軸ボール盤の代わりに、この安い卓上ボール盤の同一機種を2台使っています。私が製造販売する模型キットの特定のパーツを作るためのジグをそれぞれに取り付けて、ビットやジグの交換の手間を省いています。

◀古いボール盤はすべての可動部分が見え、指を突っ込むこともできます。この機械は、ある学校から、学校の敷地から半マイル以内では決してスイッチを入れないという条件で譲り受けました。

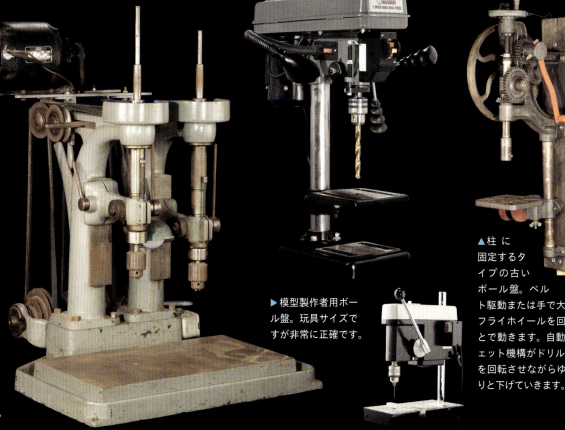

◀典型的な個人の自宅作業場用の中級ボール盤。私とは何十年来の付き合いで、農場で何かを作るときはほぼ例外なく登板します。

▶多軸ボール盤なら、2種類のビットを交互に使う必要がある場合に、ビット交換の時間を大幅に節約できます。工場では、数十本の軸を持つものも見られます。

▶模型製作者用ボール盤。玩具サイズですが非常に正確です。

▲柱に固定するタイプの古いボール盤。ベルト駆動または手で大きなフライホイールを回すことで動きます。自動ラチェット機構がドリルの軸を回転させながらゆっくりと下げていきます。

大型ドリル

　このページの大型ドリルは非常にパワーがあり、ビットが詰まるとドリル本体の方が回り続けます。作業者は、トリガーから手を離して回転が止まるのを待つ以外何もできません。私は、作家ニール・スティーヴンスンの「Hole Hawg〔ミルウォーキー社のアングルドリル〕は、自転する惑星さながらの愚鈍な一貫性をもって回転した」という描写が大好きです。

　大型ドリルの一種であるビームドリル〔梁など構造材用のドリル〕は、手持ち式ドリルとボール盤を足して2で割ったような工具で、磁力、ボルト、あるいは上に座ることで部材に固定します。ボール盤が持つ安定性と手持ち式より大きな力を、持ち運びできるわけです。

　田舎版のビームドリルは、大きなオーガービットを回す手回しクランクと台座があり、作業者が台座に座ることで太い梁材に固定します。納屋作りに使われるのが一般的ですが、クリント・イーストウッドとメリル・ストリープが主演した1995年の映画『マディソン郡の橋』に出てきたような、人目を引く屋根付き橋を作ることもできます。私はそのタイプのドリルをインディアナ州パーク郡で手に入れました。パーク郡も屋根付き橋で知られ、屋根付き橋とは何の関係もない「屋根付き橋祭り」が毎年開催されます。私のドリルはパーク郡の屋根付き橋のどれかの建設で使われたと、（明確にそれを否定する証拠が出ない限り）信じることにします。

◀モンスタードリルがすべて電動式というわけではありません。この機種を動かすのは巨大なエアコンプレッサーと大径の大流量エアホースです。オートバイのスロットルのようにハンドルを回すと、回す方向に応じてドリルが正回転・逆回転します。

▼これはいじりたくありません。錆びてガタガタで、このまま朽ちていくでしょう。ガソリンエンジンはドリルの動力源には不向きです。嘘だと思うならこれを動かしてみて下さい。

◀ものすごく重いドリル。トラック〔赤い部分〕に取り付けられていて、トラック底部の強力な電磁石で切削対象のH形鋼や厚い鉄板に吸い付き、ボール盤のように機能して穴をあけます。

◀▶作業者が古い大型ドリルの回転力に耐えるためのサイドハンドルがあります。

▲作家のニール・スティーヴンスンは、「原初的な恐怖」を抱きながらホールホグの大型アングルドリルを使っていたと述べています。私も同じです。

▶ホールホグ・スタイルのこのドリルは、ビットが詰まったことを検知するとほぼ瞬時に工具のトルクを減少させる「バインドアップコントロール」機能を売り物にしています。ドリルに振り回されて指関節を壁にぶつけた数百万ユーザーの怨嗟の声がメーカーに届いたのでしょう。

◀アンティークなビームドリル。ハンドルが左右にあり、両手で回してドリルを回転させます。梁材にこれを載せ、台座をまたいで座ります。垂直のギアトラック（直線歯車）の向きを変えてクランクギアとかみ合わせると、穴からドリルを抜くこともできます。

187

ハンマードリル

コードレスのドリル／ドライバー（115ページ）よりもコード付きドリルの方を薦める理由は、今やほとんどありません。例外は、専門的な環境、たとえば工場内の同じ場所で常時連続使用するような場合くらいです。しかし、このページで紹介するハンマードリルは話が別で、コード付きであることに意味があります。

コード付きでもコードレスでも、多くのドリルには基本的なハンマー機能が付いていて、たまにコンクリートに穴をあける時には便利です。けれども、石や硬いコンクリートにたくさん穴を開けたければ、その用途専用のコード付きハンマードリルの打撃力が欲しくなります。ハンマードリルは1分間に何百回も石を叩く特殊能力を持っており、大型のハンマードリルになるとむしろ削岩機に近いくらいです。

ハンマードリルはビットを緩く保持し、工具全体を振動させずにビットを軸方向に動かす（連続的に叩き込む）ことができます。穴あけ作業の大部分を担うのはビットの回転ではなくこの打撃で、それには特殊なビットホルダーが必要です。ハンマードリルには普通のドリル用チャックがなく、一般のドリルビットは取り付けられません。

大型のハンマードリルは、工具自体が回転して手を振り切って吹っ飛ぶことがまずないので、実はただの強力なドリルよりも怖くありません。ビットの回転はさほど高速ではなく、また石材加工用ビットは部材にもぐらず、大きなトルクを発生させないので、詰まりにくいのです。

▶ああ、このドリル、覚えてる！ 何十年も前に高校で使って以来の再会でも、誰がこの色を忘れるでしょうか？

◀私の知る限り、これはハンマードリルです。変わった形をしているので、ここに載せました。

▼この大型ハンマードリルのチャックは、SDS-Maxビット専用です。レバーの切り替えで、ドリルの回転と打撃を同時にすることも、回転なしで打撃のみを行うことも可能です。

◀このハンマードリルの重量は、小型の削岩機と大差ありません。ビット取り付け部は、ビットが前後に動いて部材を打撃できるよう、特別な設計になっています。

▲今のコード付きドリルはたいてい大型ですが、以前は各種サイズがそろっていました。

▲このハンマードリルは、ハンマー機構を内蔵するぶん、通常のドリルよりも鼻先が長くて重くなっています。標準的なドリルチャックが付いていますが、チャックがわずかに前後にスライドするため、本体を動かさずに打撃ができます。

▶オンラインオークションで低解像度の写真を見て、変わった電動ドリルだと思って買ったら、実際は圧縮空気駆動でした。

おもちゃの工具

　ある文化が何に価値を置いているかを測る一番の尺度は、「それをかたどったおもちゃがどれくらいあるか」です。おもちゃの車、聴診器、キッチン、そしてもちろん、おもちゃの工具。親や近所の人たちが人生の多くの時間を道具とともに過ごしているのを見て育つ子供たちは、自然にその道具に興味を持ちます。

　アンティーク玩具市場には、必ずしも絶対安全とは言えないおもちゃの工具があふれていますし、意外にも、今の子供向けおもちゃセットにも、実際に木を切ったり親指を叩いたり、その他子供がケガをしそうな作業ができるリアルな工具はあります。私は別にそれを問題視しませんし、むしろ、過保護一色の世界に射す一筋の正気の光だと考えているくらいです。

　もちろん、なんでも口に入れる幼児には鋭利な鋼鉄ではなくプラスチックのノコギリでなければいけませんし、6歳児がチェンソーの操作を学ぶのは不適切でしょう。けれども、適切な指導があれば子供も注意深く責任を持って道具を扱えます。私は小さい頃、たいていの場合は本物の工具をせっせと使い、もっといい工具をたくさん欲しいなあと夢見ていました。

◀チョコレートの工具！はたしてこれ以上文明を進歩させる必要はあるのでしょうか？

▼昔のおもちゃの工具は、今のプラスチック製よりいくぶん実際的でした。

◀このアンティーク品は、おもちゃと工具の境界をまたいでいます。道理のわかった子なら使えますが、完全に安全だとは言えません。

▲いつか真空成形機が欲しいと夢見る子供がどれくらいいるかは知りませんが、幼い私が真空成形機のことを知っていたら、絶対欲しがったはずです（今は実物とおもちゃの両方を持っています）。

▲この「ものづくりセット」の考え方は好きです。道具は本物で、それを使えば同梱の組立キットだけでなく他のものも作れます。

▶幼児はこういうプラスチック玩具でいいでしょうが、年かさの子には実際に使えるおもちゃを与えるべきです。

▲主な工具ブランドはすべて、大人向けに、自社の特徴をあらわすスタイルの栓抜きを作っています。

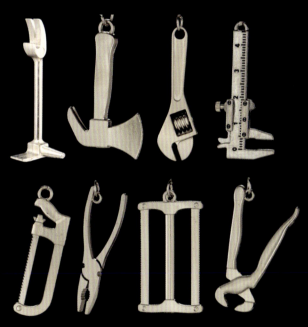

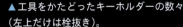

▲工具をかたどったキーホルダーの数々（左上だけは栓抜き）。

ビス打ち機とインパクトドライバー

ウッドデッキやフェンスの設置、乾式壁の取り付けといったタイプの工事では、釘打ちやねじ留めが作業の大半を占めます。釘打ち機は、引き金を引くのと同じ速さで釘を打ち込むことができますが、ねじを高速でねじ込むにはもっと高度な技術が必要です。

ねじの頭の溝がマイナスからプラスに変わり、手で回すねじ回しからスパイラルドライバー（157ページ）を経て電動ドライバーへと進化するにつれ、次第にねじが釘に取って代わる場面が増えてきました。そして連続的にねじを打ち込む自動ビス打ち機が発明されると、釘打ちと大差ない速度でネジ留めができる時代が到来しました。

もうひとつ、軽量のインパクトドライバーも、近年の興味深い製品です。普通にねじを締めるだけの作業でも、ドリル／ドライバーよりいいと言う人もいます。インパクトレンチとは別物で、ずっとパワーが劣り、普通のネジを締めるための工具です。ねじが簡単に回る時は単に回転させ、抵抗が大きくなったらハンマーでの打撃を組み合わせるのです。私はまだそれほど使ったことがないので、一部の人が言うほど良いアイディアかどうかは何とも言えません。

◀このビス打ち機の美しさはいくら褒めても褒めすぎにはなりません。農場のデッキやフェンスを作った時にこれがあれば、どれだけ楽だったことか。

▶バッテリー式のコードレス自動ビス打ち機。こんなものまで作られるとは！

▲▶軽量コードレスインパクトドライバーは、標準的なドライバービットを使用し、普通の電動ドライバーと同じように動作しますが、ねじを回すのに大きな力が必要になると、自動で打撃を加えはじめます。

▲専用のビス打ち機を買うのが難しければ、このアタッチメントを標準的なドリル／ドライバーに付ける手があります。

定規

「切る前に二度測れ」という古いことわざからもわかるように、測定具は工具の世界の中心に位置しています。作業場で何を一番よく測るかといえば、それは長さです。寸法の測定は非常に重要なので、定規とローラー距離計から始めて、この先の14の見開きで取り上げることにします。

さまざまなものづくりプロジェクトで共通の寸法を使いたい場合、必要なのは長さの基準単位です。その基準値の何倍／何分の1の値をマークした定規も必須です。知られている限り最古の長さの単位は古代エジプトのロイヤルキュビットで、肘から中指の先までの長さでした。1キュビットは7パーム（手のひらの幅）、1パームは4ディジット（指1本の幅）、さらにディジットの2分の1、3分の1、4分の1、……16分の1の単位がありました。インペリアル（大英帝国）単位系はヤード、フィート、インチが基本で、キュビットと同じくらいややこしくて不便です。幸いにも、現在はほぼすべての定規がメートル法に基づいており、10進法で目盛りが記されています（リベリア、ミャンマー、そして米国を除いて）。

短い距離は定規で測れますが、長い距離の場合は測鎖〔測量用の鎖〕や巻尺が必要です。それらが完成したのは1700年代で、それまではローラー距離計という道具（今も健在です）が使われていました。この距離計に関連して私が好きなのは、エジプトの大ピラミッドは宇宙人が建造したと信じる人々がいるという話です。

たとえば直径1キュビットのローラー距離計を作り、測りたい場所でそれを転がして何回転したかを数えれば、1キュビット×円周率π×回転数の値が得られます。πの求め方や、それどころかπが何かすら知らなくても問題ありません。ピラミッド建設のはるか後、紀元前250年頃にアルキメデスが解明するまで、古代人は円周率を知りませんでした。

古代の巨大建造物の主要寸法にπの倍数がある場合、理由としてふたつの可能性が考えられます。高度な文明を持つエイリアンがかかわったか、古代の人間がローラー距離計を使ったか、です。

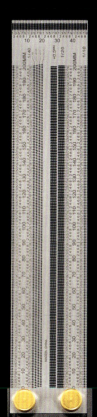

▲エジプトの1ロイヤルキュビットは20.75インチ（52.7cm）。キュビット物差しが何点か残っており、どれも長さが似通っていることから割り出されました。

◀私が見た定規のなかで最も細かい目盛りは、4分の1mm（およそ100分の1インチ）です。この分解能は、1mmの目盛りの間に4つの穴を斜めに配置することで実現されています。

▼こうした折尺は、寸法測定やレイアウトの問題の解決方法を宣伝する深夜のテレビCMでよく使われています。

◀巻尺より前に折尺があり、今でも使う人がいます。たとえば、地面にあいた穴の底までの深さを知りたい時、折尺を伸ばして差し入れて測れば簡単です。

▼私が所有している一番短い定規は40mmの歯科医用で、一番長い定規は6フィート（1.8m）の大工用です。素材にはプラスチック、木、スチール、アルミなどがあり、とても高価なものから広告付きの無料のものまでいろいろです。

◀歯科医用の「エンドゲージ」（歯科の根冠治療に使うスケール、実寸の2分の1）。

◀私はこのローラー距離計だけで農場全体の地図を作りました。

▶この小さなローラー距離計は、私の会社が作るキルトの布地を測るためのものです。

◀ネット普及以前には、地図上で距離を測るには小さなローラー距離計を使いました。

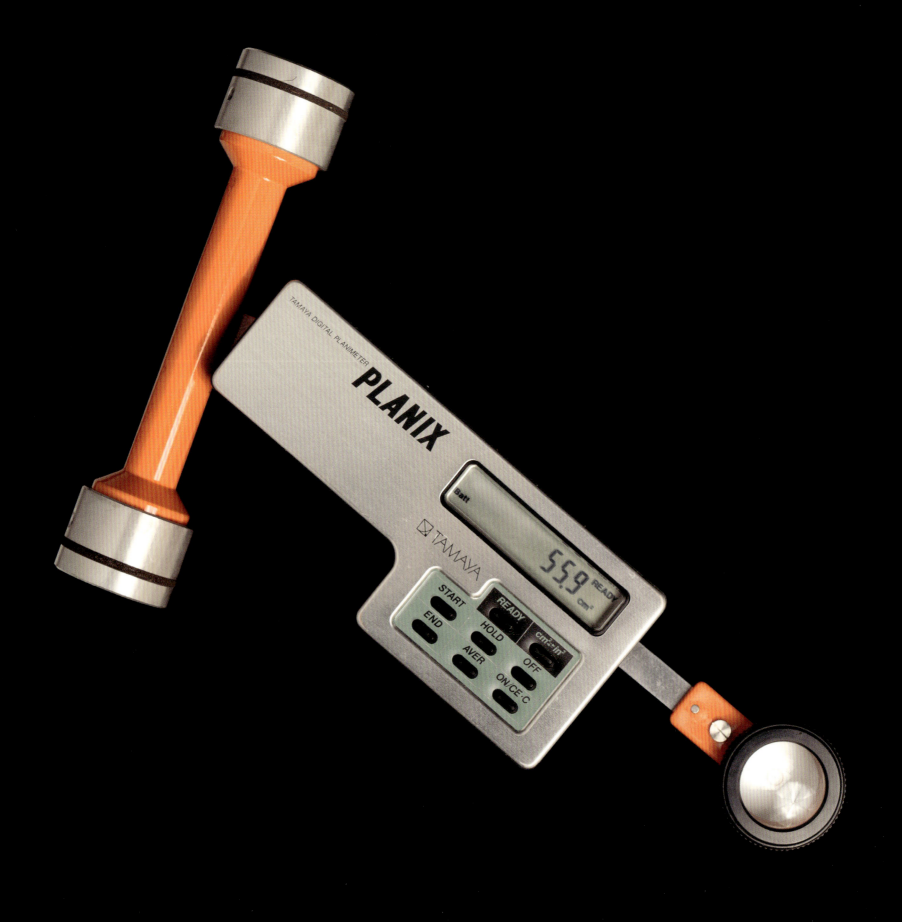

2D 測定器

下に写真を載せたコーディネートグラフ〔座標測定器〕は、別の時代から来た鉄の巨人のような驚くべき道具です。ハンブルクに本拠を置くDennert & Pape Aristo-Werke社（創業1862年）のモデル4416。基本的には2次元定規で、40×26インチ（100×65cm）の作業領域内の任意の位置に、0.1mm（0.004インチ）の絶対精度でマーキングピンを置くことができます。今はもう生産されていません。

2020年12月8日の夜、これが製造された歴史的な工場の建物が全焼しました。私は、もしかしたらこれがこの機種の最後の1台で、一時代のひとつの技術が遺した孤児なのかもしれない、と空想しています（むろん、他にも残っている可能性はあります）。もしこれが最後の1台なら、その希少性だけでなく、ノースカロライナ州ヘンダーソンヴィルのオークションで私が落札した時にほぼ完璧な状態だった点も重要です。完全未使用品かもしれません。前の持ち主はモータースポーツのドラッグレースのスター、トム・ハンナで、彼がこの装置を使ったことがあるとすれば、板金を曲面に加工してボディパネルにする際に印をつけるためか、あるいは設計図上でボルト穴の位置を測るためでしょうか？　今ではこの美しい機械は時代遅れで、ペンプロッター、レーザーカッター、スキャナー、デジタル化テーブルの方がはるかに便利です。

コーディネートグラフはある領域内での位置を測定する装置ですが、領域そのものを──たとえば、ある図形の面積を──知りたい場合はどうすればいいでしょう？　面積は2次元的な特性ですが、機械式プラニメーターは1つの車輪だけで面積を測定します。二次元の量を測るには車輪が2つ（縦方向と横方向に1つずつ）必要ではないかと思われるかもしれませんが、実際に1つで可能で、数学による裏付けがあります。プラニメーターの仕組みを解説するYouTube動画もあります。

▲精密機器は専用の収納木箱に入っていることが多く、このコーディネートグラフも例外ではありません。ただ、箱は長さが1.5mと巨大で、重すぎて私には持ち上げられません。高級なバイオリンケースと同様、すべての部品を、丁寧に作られた専用のブロックやクランプで固定するようになっています。木箱の中には、バーニヤ（副尺）のヘッド、針、未開封の牛脚油の小瓶などを収納する小さな木箱が入っています。この小さい方の木箱でさえ、私が持っている他の精密機器の箱よりも大きいのです。

▼このプラニメーターは、装置の根元を固定し、反対側先端の針で図形の輪郭をなぞると、中間にある1個の車輪の回転でその図の面積が割り出されます。私には仕組みを説明できません。数学と魔術の合体技なのしょう。

◀デジタルプラニメーターは、右の写真の機械式プラニメーターとは違って、完全に筋が通っています。ポインターで地図や図面上の図形の輪郭をなぞると、複数のセンサーがその動きを測定し、コンピューターが面積を算出します。

▶このコーディネートグラフは、私が持っている精密機器の中で最も大きく、最も珍しく、最も美しく、最も使いみちがない品です。

▼クリープゲージは、建物の基礎のひび割れが悪化しているかどうかを調べる測定器です。2枚が重なっており、方眼がプリントされている方をひび割れの片側の壁にねじ止めし、もう一枚の十字線が印刷された方を反対側の壁にねじ止めします。十字線の位置が歳月とともに変化したら、ひびへの対処が必要です。

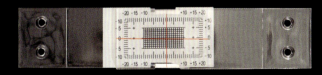

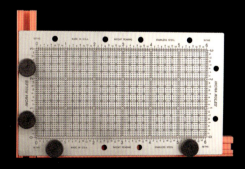

▲T定規（上）やグリッド定規（下）は、一度に2方向を測定します。

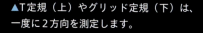

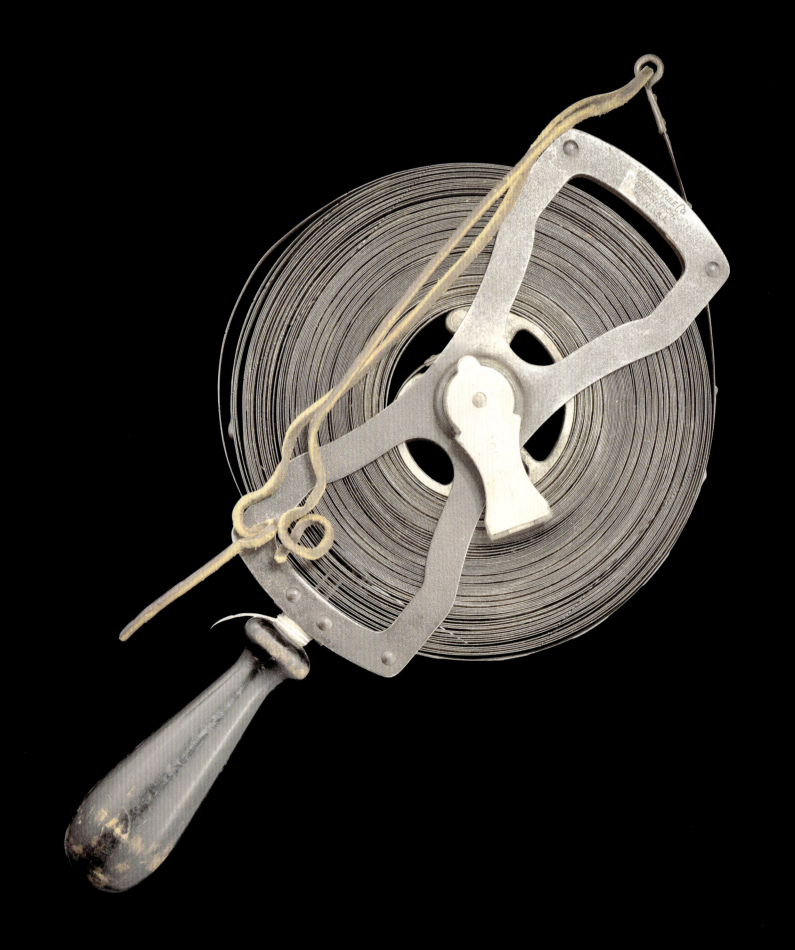

巻尺

スチール製の巻尺が発明されるまで、中程度の距離を測る最も正確な方法は、とてつもなく不便な鉄の測鎖〔測量用の鎖〕を使うことでした。テープが平らなスチール巻尺は画期的でしたが、真に革命が起きたのは1922年、わずかにテープ中央がくぼんだ自動巻き取り式ポケット巻尺（コンベックス）が発明された時です。これは間違いなく、史上稀に見る有用な発明でした。文字通り平均的なポケットに収まるポケット巻尺は、30フィート（10m）までの長さを32分の1インチ（1mm未満）単位で素早く簡単に測れます。それより少し大きいものは、測鎖をはるかにしのぐ300フィート（100m）まで測定可能です。

今の巻尺には賢い機能がいくつもありますが、そのひとつがテープの端の爪で、少しゆるく取り付けられているのが特徴です。爪の動く長さは、爪の立ち上がった部分の厚さに等しくなっています。それによって、この爪を壁に押し付けて測っても、板の端に引っかけて測っても、ゼロ点が正しい位置にくるのです。

スチールが巻尺テープの素材として優れているのは、ほとんど伸びないからです。一方、グラスファイバーのテープはスチールより軽く、柔軟性があり、耐久性に優れていますが、若干伸びます。私が持っている300フィート（91m）のグラスファイバー巻尺は、中程度の強さで全体を引っ張ると、数インチ伸びます。しかし、別にかまいません。1インチまで正確であることを求めていないからです。直線的ではない測定（たとえば服を仕立てるための採寸）では、柔らかいグラスファイバーや布テープの方がずっと好まれます。

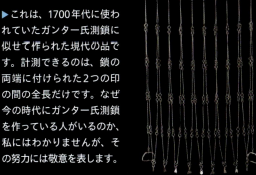

◀▶ この古くて美しい100フィート（30m）スチール巻尺の目盛りは、印を刻んだ金属片をテープにはんだ付けしてあります。作るのにどれだけ時間がかかったことか！

▶ これは、1700年代に使われていたガンター氏測鎖に似せて作られた現代の品です。計測できるのは、鎖の両端に付けられた2つの印の間の全長だけです。なぜ今の時代にガンター氏測鎖を作っている人がいるのか、私にはわかりませんが、その努力には敬意を表します。

◀ テープの端からケースの端までの長さが透明窓に表示されます。

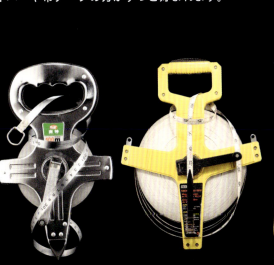

▲ 上の2つはともに測定範囲が300フィート（100m）です。左のステンレステープは右のグラスファイバーより巻きが小さく高剛性ですが、ねじれやすく、テープの端も鋭利です。

▶ この3つの専用巻尺は、左から右へ順に、人間の腕回り、手首回り、指回りを測ります。上腕はフィットネス用で、手首と指はブレスレットと指輪のサイズ測定用です。

▲ 一般的なポケット巻尺。おそらく、これまでに発明された最も便利な測定具でしょう。

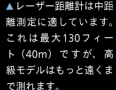

▲ レーザー距離計は中距離測定に適しています。これは最大130フィート（40m）ですが、高級モデルはもっと遠くまで測れます。

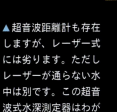

▲ 超音波距離計も存在しますが、レーザー式には劣ります。ただしレーザーが通らない水中は別です。この超音波式水深測定器はわが敷地の池の深さを教えてくれました――レンガを結びつけたロープより高いコストで。

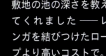
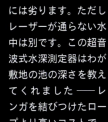

プロトラクター（分度器）

　円が360度に分割されているのは、バビロニア人のおかげです。彼らは1年が360日だと考えていました（実際は365.26日なので、彼らは間違っていました）。さらに、角度1度は60分に、1分は60秒に分割されました（時間が分と秒に分けられたのと同じです）。

　角度を測る時は、一般に分度器を使います。分度器は半円で、多くの場合1度刻みの目盛りがついています。1度とはどれくらいの大きさでしょう？　かなり小さいです。私はよく、長い棒を1度だけ回した時に先端がどの程度動くかという方法で視覚化します。たとえば、長さ1マイル（1.6km）の棒を1度動かすと、先端は46フィート（14m）移動します。棒の長さを考えれば、それほど大きな動きではありません。

　左ページの写真のような工作機械作業用のプロトラクター〔定規と分度器を組み合わせた測定具〕は、1度より小さい1分〜2分まで測定できます。1分は、1マイルの棒の端が約9インチ（23cm）動く角度です。インデックスヘッドという高度な工具は精度が1秒で、言い換えれば棒の端が約8分の1インチ（3mm）しか動きません。驚くべきことに、10分の1秒、つまり1マイル先で64分の1インチ（0.4mm）の精度を持つインデックスヘッドさえあります。（ついでに言うと、ハッブル宇宙望遠鏡は20分の1秒角より少し高い光学分解能を持っています。）

　微小な角度を測る方法は、分度器だけではありません。気泡を使って測ることもできます。詳しくは次のページで。

▲学校で使うタイプの分度器の高級バージョン。真鍮製で、目盛りは1度刻みです。

▼身体の部位を測るための、柔軟な分度器。たとえば、正確な砲撃で負傷した兵士の膝の可動域を調べる時に使います。

◀学校で使う分度器の目盛りは1度刻みですが、このプロトラクターにはバーニヤ（副尺）目盛りがあり、30分の1度（＝2分）までの角度を読み取れます。直線状と直角のエクステンションは、内角・外角の角度測定やマーキングができるよう、位置を動かすことができます。

◀大砲の仰俯角計（ぎょうふかく）のレプリカ。砲身の側面に固定し、正しい角度に調整しやすくする分度器です。指示針が真下に垂れ下がるので、鉛直方向と比較した相対角度を知ることができます。

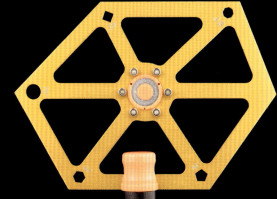

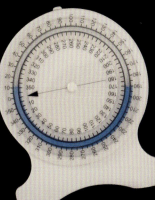

▲この木工用プロトラクターは目盛りが1度刻みですが、まっすぐな竿が付いているため、必要な角度の印を付けやすく、正確性の高い作業ができます。

▶水平から何度ずれているかをより正確に知る必要がある場合は、気泡式傾斜計が教えてくれます。

▲これは、底面が正三角形、正方形、正五角形、正六角形、正八角形、正十二角形の箱の側面の板の合わせ目を、マイターソーで正確な角度に切るためのジグです。

水準器

　水準器が正確かどうか調べるのは難しくありません。確実に水平な面も不要です。だいたい水平に見える面に水準器を置き、気泡を見ます。管の中心にあるか、少しずれているか、いずれにせよ、気泡の位置を記憶します。次に、水準器を反対向きにして同じ場所に置きます。最初に少し左にずれていたら、二度目も少し左寄りになるはずです。もうひとつ、水準器の片側にくさびを敷いて完全に水平を示させてから、水準器を反転させ、今度も完全に水平かどうかを見る方法もあります。私の経験では、たいていそうはなりません。

　安い水準器には、通常、校正ができる機能は備わっていません（ただ、気泡管を少し回転させれば代わりになります）。より高級な水準器には精度が明記されており、校正のための調整ねじが付いています。

　下の写真のような機械工作用の水準器は敏感すぎて、額縁や床を水平にするといった一般的な用途には不向きです。逆に、大きな機械フレームの位置合わせには最適です。たとえば、私の工房のキルティングミシンには、長さ12フィート（3.6m）のレールが2本、12フィート間隔で取り付けられています。この2本は互いに厳密に平行でなければなりません。さもないと、そこに乗っているビーム（161ページ参照）が動く時にねじれてしまうからです。対角線を測定すれば2本が平行かどうかはわかりますが、水平から外れているかどうかはわかりません。これは非常に測定が難しいのですが、私は下の写真の水準器を使って両方のレールをほぼ完全に水平にすることができました。

▲最も高度な測量器がセオドライトです。このイタリア製モデルには、1分未満の角度を読み取れる目盛りが刻まれたガラス部品が付いていて、太陽光を反射する鏡によって本体内に表示されます。現代のデジタルセオドライト（不細工なので写真は載せません）は角度1秒まで読み取れますが、実際にはそこまで正確ではありません。

◀トランシット（測角儀）は、正確な気泡水準器を望遠鏡と2つの分度器と組み合わせたもので、鉛直方向と水平方向の角度を同時に測定できます。このページ右上の写真のセオドライト（経緯儀）も機能はまったく同じですが、より精密な設計で、外見は全然クールではありません。

▲この高精度水準器は、0.02mm/mの精度を約束しています。これは、1マイル（1.6km）の棒でいえば、角度にして約8秒、先端の移動距離では約1.25インチ（32mm）に相当します。これほど繊細な水準器で気泡を中心に合わせるのは困難です。

▲シンプルな測量用視準器。十字線付きの望遠鏡に正確な水準器が平行に取り付けられていて、高低差を視認します。

◀オートレベルと呼ばれる高度な測量器は、内部に振り子機構があり、望遠鏡の十字線が常に正確に水平を示すように作られています。

▶上から順に、1次元（1D）、2次元（2D）、3次元（3D）水準器。2Dと3Dは一度に2方向（たとえば東西方向と南北方向）の水平を確認できます。3D水準器に垂直方向の気泡管も付いているのは、たぶん縦向きと横向きの両方で使う道具などに取り付けるためでしょう。

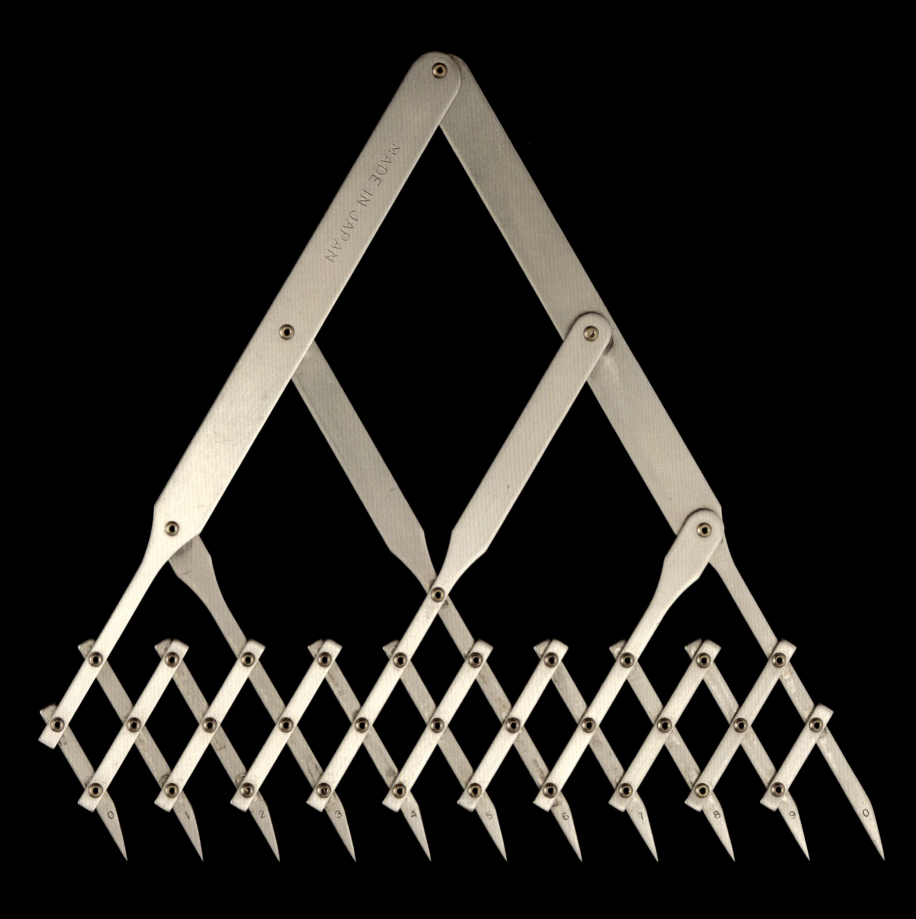

ディバイダとキャリパーゲージ

　このページの工具は寸法を測定するために使われますが、具体的な数値が読み取れるわけではありません。定規を使って板の厚さが何ミリかを調べる代わりに、キャリパーゲージをあてて、板と同じ幅を"写し取り"ます。これがどう役に立つかというと、たとえば、その板がちょうどはまる寸法の溝を別の板に切りたい時に便利です。写し取った幅を別の板にマーキングすれば済みます。板の厚さの具体的数値がわからなくても、同じ幅の溝を作るうえで支障はありません。

　また、キャリパーゲージで板をはさんで厚さを調べ、板を抜き取ってから、キャリパーゲージの爪に定規を当てて寸法を知ることもできます。板の小口がまっすぐでなく、直接定規を当てて正確な値を読み取れない場合には有効な方法です。定規では直接測れない丸い棒の直径を測るためにも使えます。

　等分ディバイダは、キャリパーゲージの「数値を必要としない」という特徴からさらに一歩進んで、寸法を望み通りの数に等分します。たとえば、シャツの下前立てにボタンを6個付ける場合、シャツのサイズによって間隔が異なってきますが、等分ディバイダを使えば、どのサイズでも簡単に等間隔で配置できます。

　このページの時計製作用キャリパーゲージは、2枚の歯車の間隔を完璧に調整し、最適なバックラッシュ（かみ合う歯面間の遊び）でなめらかに回転させるために活躍する優れものです。あとは、内蔵された2つのセンターポンチを使って、真鍮板にその間隔を転写するだけです。数値は必要ありません。

　具体的な数字で測定値を知りたい場合には、次のページの工具が役に立つはずです。

▶古い大きなキャリパーゲージ。何かの幅や外径を測ったり、脚を交差させてパイプの内径や溝の内側の幅などを測ったりすることができます。

◀この華麗な等分ディバイダは、11の先端のほとんどを大元の共通支点で支持することで、対象の長さを完璧に等間隔に分割します。動きはスムーズで、開閉させるだけでも満足感を得られます。

▶ディバイダやキャリパーゲージには、平面上を測る直線脚、対象の外側を測る内向き曲線脚、対象の内側を測る外向き曲線脚といった種類があります。

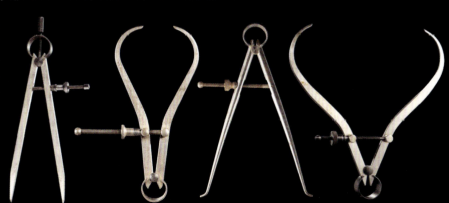

▲これはカメラのレンズ内の虹彩絞り機構に似た道具で、円の直径を測ったり、任意の直径で円を描いたりできるテンプレートとして売られています。外周を回すと羽根が動いて開閉します。

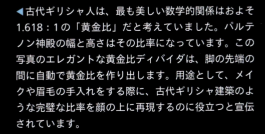

◀古代ギリシャ人は、最も美しい数学的関係はおよそ1.618：1の「黄金比」だと考えていました。パルテノン神殿の幅と高さはその比率になっています。この写真のエレガントな黄金比ディバイダは、脚の先端の間に自動で黄金比を作り出します。用途として、メイクや眉毛の手入れをする際に、古代ギリシャ建築のような完璧な比率を顔の上に再現するのに役立つと宣伝されています。

◀時計製作用の特殊なキャリパーゲージ。歯車を測定し、その理想的な間隔をプレートに自動的にマークします。ただし、間隔を数値で示すことはしません。

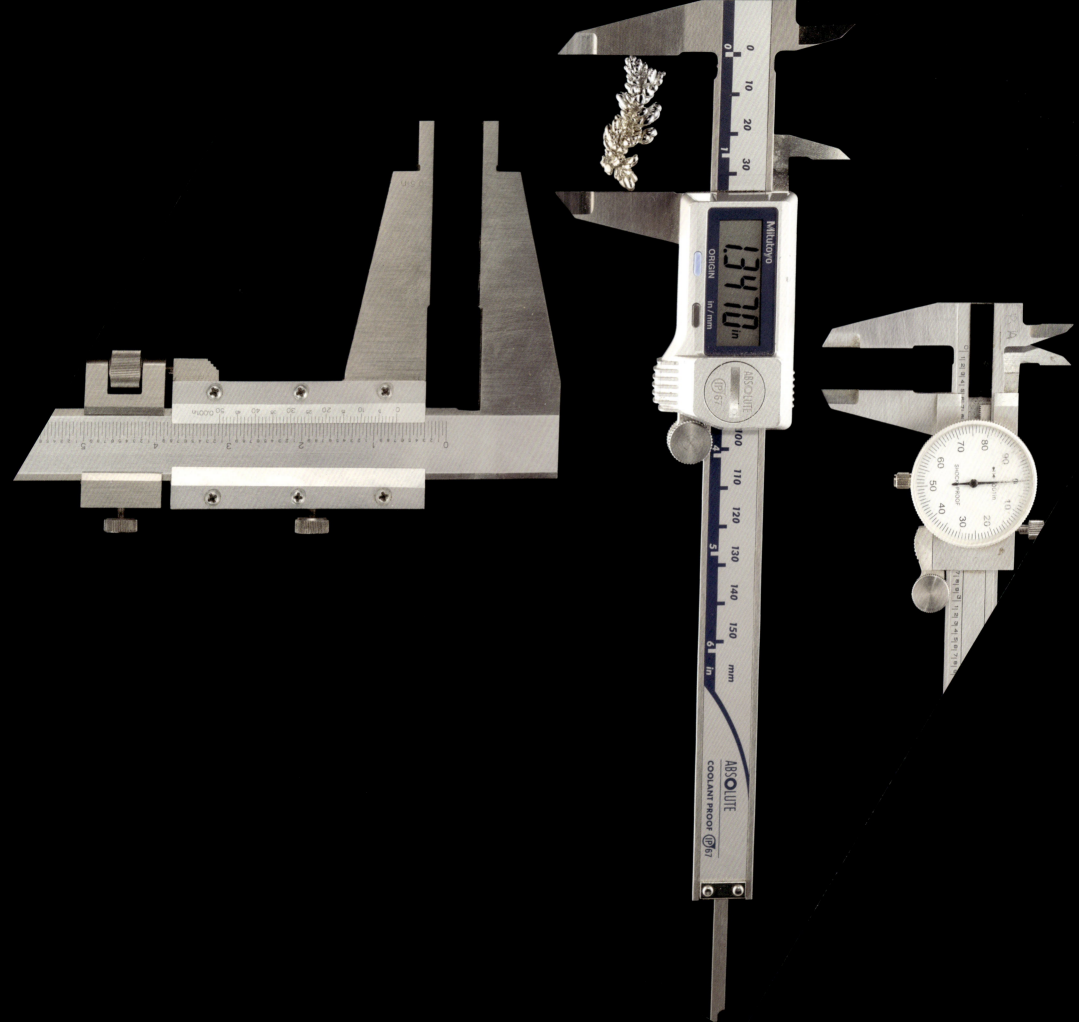

精密キャリパー、ノギス

定規より高い精度が求められるなら、精密キャリパー、ノギス、マイクロメーターの出番です。後述のように、これらの道具は驚くほどの精度を達成できます。まずはノギスを見てみましょう。工作機械を使う工場や大きな工房には長さ数フィート（1m以上）のノギスもありますが、普通は6インチ（15cm）で、片方のジョー（あご）が目盛りの端に固定され、もう片方が目盛りに沿ってスライドします。通常、1000分の1インチ（0.025mm）まで測れます。

汎用ノギスは、外寸（部材の長さや厚さ）、内寸（溝の幅や穴の直径）、穴の深さ、段差（ある段と次の段との差〔オフセット〕）の4つの一般的状況を同じ1本で測定できるように設計されています。このように多くの機能を持たせると、当然ながら設計においてはあちこちで妥協する必要が生じます。それに対し、単一の機能に特化したぶん、より高い性能を持つキャリパーゲージやノギスもたくさんあります。

さらにその先には、特殊用途の精密キャリパーやノギスが数えきれないくらい存在します。このページでその一部を眺めてから、特に有用性の高い測定器具に進みましょう。

◀ バーニヤ（副尺）付きノギス（左）は、スライドする方のジョーにバーニヤ目盛りがあり、主尺の目盛りの50分の1まで測定できます。ダイヤルノギス（右）は読み取りやすいのですが、より繊細で高価です。デジタルノギス（中）は非常に安価で、メートル法でも英連邦の帝国単位でも表示でき、任意の位置をゼロに設定できるので相対的な測定も可能ですが、電池が切れてスペア電池もないとお手上げです。

◀ ジョーが長いノギスは狭い場所に差し入れて使うには良いですが、スライドのセットが完璧でないとジョーがたわんで平行でなくなり、大きな誤差が生じることがあります。

▼ 寸法を拡大して読みとりやすくするノギス。木工作業で、部材が目的の厚さに加工できたかどうかを調べるための工具です。

▼ 開閉式ノギスは一般にスライド式より精度が低いものの、健闘することは可能で、これは精度1000分の1インチ（0.025mm）です。

▲ 鋏型ハンドルが付いた帽子サイズ測定器。帽子の内周を測ります。

▲ 靴のフィッティング用ゲージも、一種のノギスです。

▶ 骨盤計は、妊婦の骨盤の寸法を測ります。

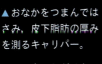

▲ おなかをつまんではさみ、皮下脂肪の厚みを測るキャリパー。

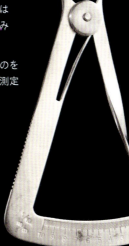

▶ 歯のかぶせものを作る際のサイズ測定用キャリパー。

シックネスゲージ（厚み測定器）

シックネスゲージ（厚み測定器）は、精密キャリパーやノギスとマイクロメーター（212ページ）の中間に位置する測定器具で、本来の用途はシート状のものの厚さの測定です。高い精度が得られる理由は、精密キャリパーやノギスとは違って、測定機構が対象物をはさむ部分と一直線上にあることです。回転する支点や長い脚がなく、まっすぐな棒（スピンドル）とそれを受ける側（アンビル）だけなので、設計原理上、より高い精度が得られるのです。

一部のシックネスゲージには、使わない時に測定部を開いておくバネが付いています。測定する時に、バネの抵抗に抗って測りたいものにスピンドルを押し当てます。逆のタイプ、すなわち、普段はバネが測定部を閉じていて、使う時になったらレバーで開いて測定するものもあり、こちらの設計の方がより正確です。というのも、基準となるゲージブロックを使って校正する場合も含め、すべての測定が同じ測定圧で行われるからです。

可動部品なしで測れる特殊用途のシックネスゲージもあります。渦電流式膜厚計は、プローブ（探針）の内部に細い導線を巻いたコイルが入っていて、そこに高周波数の交流電流が流れます。このプローブを塗装された金属板に当てると、塗膜の厚さぶんだけ金属板から隔てられることになり、コイルの電流が作る高周波の磁界によって、下の金属板に渦電流が発生します。その渦電流を測定器で測定して、塗膜の厚さを導き出すという仕組みです。

▶ このシックネスゲージは安いにもかかわらず頑丈で出来が良い品物です。

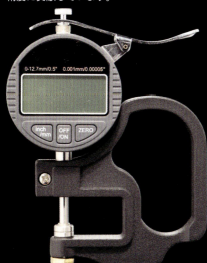

◀ 骨董品店で買った古いシックネスゲージ。精度1000分の1インチ（0.025mm）を謳っていて、おそらく何十年も校正されていなかったのに、そのとおりの精度が確認できました。使わない時はバネで測定部を閉じるタイプであることが、高い精度に貢献しています。

▲ このデジタルモデルは、0.001mmまで読み取れます。

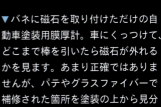

▶ 対象物をはさむ部分がピン状のゲージ。歯車の歯底円直径を測れます。

◀ この渦電流式膜厚計は、塗料とその下の金属板の種類に応じた校正をしないと機能しません。しかし、一度校正すれば、可動部品がないのに高速でなすべき仕事をします。

▼ バネに磁石を取り付けただけの自動車塗装用膜厚計。車にくっつけて、どこまで棒を引いたら磁石が外れるかを見ます。あまり正確ではありませんが、パテやグラスファイバーで補修された箇所を塗装の上から見分けることはできます。

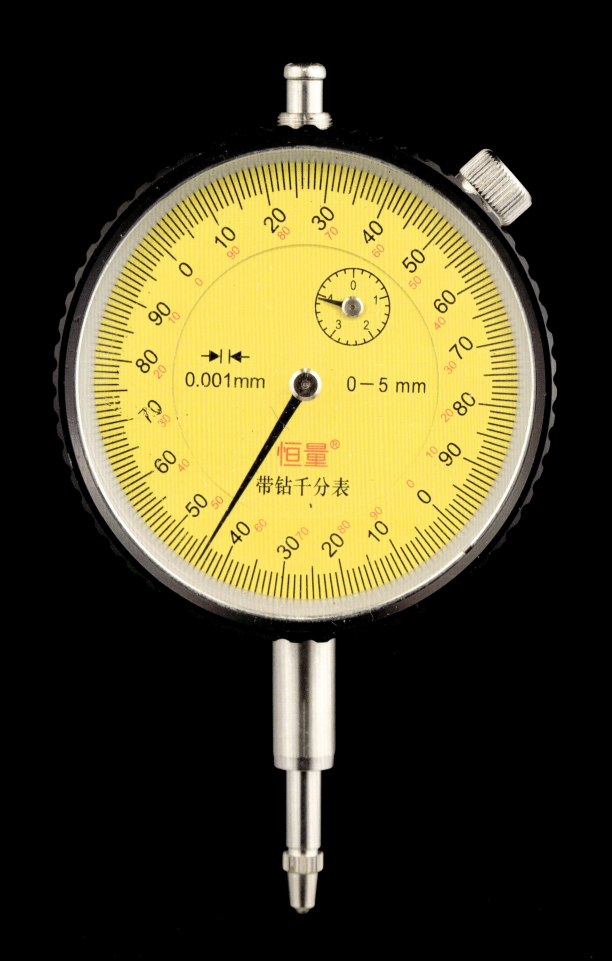

ダイヤルゲージ

ダイヤルゲージ、およびそのデジタル版（ダイヤルがないにもかかわらずダイヤルゲージと呼ばれます）は、測定の基点となるアンビルを持たないシックネスゲージのようなものです。そのため、ダイヤルゲージでは絶対的な測定値は得られず、相対的な測定しかできません。たとえば、「このブロックはあのブロックより厚いか薄いか、違いはどのくらいか」「加工前と加工後でどれだけの材料が削られたか」「旋盤で回転する時にこの棒の表面がどのくらいぶれるか」などがわかります。

ダイヤルゲージは、平らな台座の上に取り付けてシックネスゲージのように使うこともできますが、機械やワークの一部分に角度をつけて取り付け、接触しているものの相対的な動きを測定する方が、より持ち味を発揮します。そうした用途では、工作機械の測定部位に近い部品にマグネットベースという磁石式マウントを固定し、調整可能なアームでゲージを必要な場所に導きます。

優れた機械式ダイヤルゲージを作る際に最も難しいのは、バックラッシュ〔かみ合う歯車の歯同士の隙間〕をなくすことです。理論的には、測定子を同じ場所にあてたら常に同じ値が示されるはずですが、実際には、測定子がどの方向から到達したか（押し当てられたか、引き戻すような形だったか）によって、微妙な違いが生まれます。バックラッシュは歯車の摩擦と遊びによって発生し、最小限に抑えることはできますが、完全にはなくせません。デジタル式ダイヤルゲージには歯車がないため、バックラッシュがはるかに小さくなります。

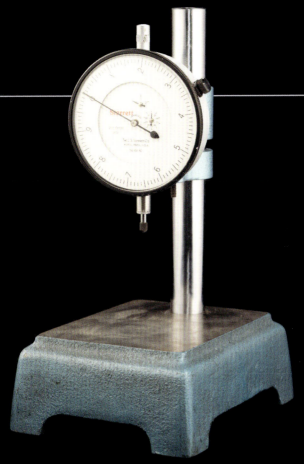

▲ダイヤルゲージは、鋳鉄や花崗岩の台座の上方に取り付けると、未校正のシックネスゲージになります。

◀まあまあ悪くないダイヤルゲージ。1000分の1mm（約2万分の1インチ）まで測定できます。長い指針は0.1mmにつき1回転、小さな指針は5mmにつき1回転します。つまり5mmを測るあいだに長い針は50回転するわけで、測定子を押し付けると針の高速回転が見られます。

◀デジタル式ダイヤルゲージは、表示値が安定していれば、数字を簡単に読み取れます。けれどもダイヤルゲージというものは、旋盤で回転するワークにあてながらチェックするなど、連続的に変化する状況で使われることがよくあります。その場合には、画面で目まぐるしく変化する数字を読み取ることはほぼ不可能なので、機械式ゲージの方が適しています。

▶ダイヤルゲージは一直線とは限りません。これは測定子を斜めに傾けることができます。

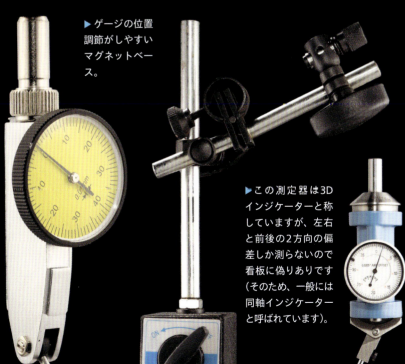

▶ゲージの位置調節がしやすいマグネットベース。

▶この測定器は3Dインジケーターと称していますが、左右と前後の2方向の偏差しか測らないので看板に偽りあります（そのため、一般には同軸インジケーターと呼ばれています）。

▲フライス盤で、主軸に取り付けられて上から降りてくる切削工具の位置を測定するための、専用ダイヤルゲージ。

マイクロメーター

やっとマイクロメーターにたどり着きました。各国の国立標準研究所以外の場所で一般的に使われる、最も正確な測定ツールです。マイクロメーターは、ノギスやシックネスゲージのようにジョーやスピンドルが自由にスライドするわけではなく、ピッチの細かいねじを回して開閉します。このため、ジョーをスライドさせるのと比べてはるかに時間がかかります。一般的なマイクロメーターは、1インチ（2.5cm）動かすのにねじを40回転させる必要があります。けれどもその余計な手間と引き換えに、最低でも1万分の1インチ（0.0025mm）という、一般的なノギスの約10倍の精度が得られます。

どんなに精密な測定メカニズムも、同程度の精度で測定部の間隔を一定に維持できるフレームに取り付けられていなければ、意味がありません。

通常のマイクロメーターが幅広で分厚いC字フレームを採用しているのは、強度が必要だからではなく剛性を確保するためです。両端にかかる圧力はほんのわずかですが、それでもフレームが薄いとたわんで測定値が狂う可能性があるのです。

デジタルマイクロメーターは、通常のマイクロメーターと同様の精密ねじと、デジタルノギスと同じ静電容量式の位置測定メカニズムを備えています。ただ、電子回路が測定するのは実際の開口幅ではなく、回転したねじの位置変化です。ねじの1回転につき開口部は40分の1インチ（0.6mm）しか動かないため、デジタル式ははるかに高い分解能で開口幅を読み取ります。

このページでは「普通の」マイクロメーターを紹介します。その後で、もっと奇妙なものが出てきます。

◀ 据え置き型マイクロメーターは、重量を気にする必要がないため、手持ち式よりもフレームを分厚く高剛性にできます。このマイクロメーターはアンビルの調整ができて測定可能範囲は通常より広いのですが、それでもねじが動く範囲はわずか1インチ（25mm）です。

▲ デジタルマイクロメーターも優秀です。

▶ マイクロメーターのねじの可動域が1インチ（25mm）を超えることはありませんが、外したヘッドには2インチまで目盛りがあります。

◀ マイクロメーターのねじの可動域は1インチ（25mm）までなので、測定対象物の寸法ごとに別々のマイクロメーターが必要になります。通常、マイクロメーターはサイズが揃ったセットが立派な箱に入って売られていますが、私はセット品を持っていません。というわけで、多様なサイズとスタイルのマイクロメーターをご覧下さい。

213

特殊なマイクロメーター

変わった形の穴、届きにくい場所などのさまざまな状況下で、それでも測定を行うために、数々の特殊マイクロメーターが作られてきました。

特に難しいのが、小さなものの内寸の測定です。最大限の正確さで測るためには、測りたい場所の内側に（穴を測定する場合なら穴の内部に）装置の測定部が完全に収まる必要があるからです。そうすれば、たとえばノギスの場合でいえば、ジョーが傾いたりはみ出したりして誤差が生じるのを防げます。とはいえ、マイクロメーターを小さくするのにも限界がありますから、多様な解決策が模索されています。どれも理想的な方法ではありませんが、特定の状況において合理的に期待できる中では最善の策です。

▶ このシリンダーゲージは内部にてこ機構があり、溝の幅や穴の直径をハンドル内のロッドの動きに変換して、上部のダイヤルインジケーターで表示します。正確な測定をするためには、使用前に必ず注意深く基点合わせをしないといけません。

◀ これは私が持っているマイクロメーターの中で断トツに高価な品です（実際はマイクロメーターではなくノギスですが、あまりに正確で高価なので、「名誉マイクロメーター」に認定しています）。穴の中に差し入れて、穴の内側に切った溝の深さを測るために使われます。レバーでジョーの間隔を狭めてくっつけてから穴に入れ、レバーを離すと穴の中の溝の位置でジョーが広がり、ばねによって一定の測定圧力が得られます。ダイヤルの目盛りは2000分の1インチ（0.01mm）単位です。

▶ 内径や内側の幅を測るテレスコーピングゲージ。穴や溝などに入れ、ばねで拡張させて内壁に当ててから、ハンドルをひねるとその幅でロックされます。取り出して、通常のマイクロメーターで幅を測定します。

▼ 測定面がねじと一直線上にある内径用マイクロメーターも存在しますが、測定したい穴にすっぽりはまらないと測れないため、一定以上の内径がある穴でないと使えません。このモデルは、最小で1.5インチ（3.8cm）、最大では延長ロッドを使って8インチ（20cm）まで測定できます。

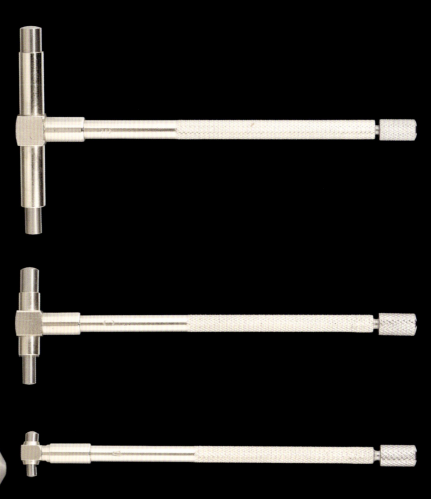

特殊なマイクロメーター

◀歯厚マイクロメーターは、歯車の「またぎ歯厚」の測定や、それ以外でも、狭い凹部に入れて測る必要がある場合に使われます。

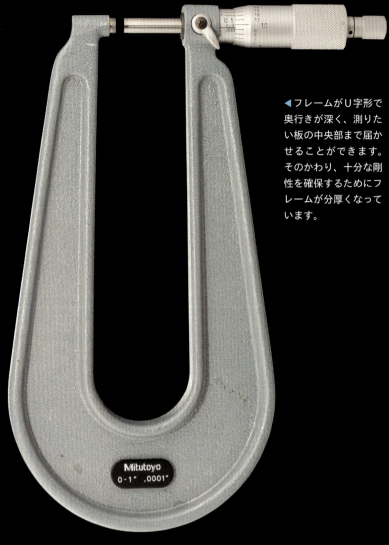

◀フレームがU字形で奥行きが深く、測りたい板の中央部まで届かせることができます。そのかわり、十分な剛性を確保するためにフレームが分厚くなっています。

◀ブレードマイクロメーターは、測定面の先が細くて平らです。丸い先端よりも障害物をよけやすく、尖った先端のように食い込むこともなく測定できます。

◀品質管理用のマイクロメーター。品質の基準となる寸法を設定すると、測定対象部品の基準からのずれをプラスマイナス1000分の1インチ（0.025mm）単位で表示します。

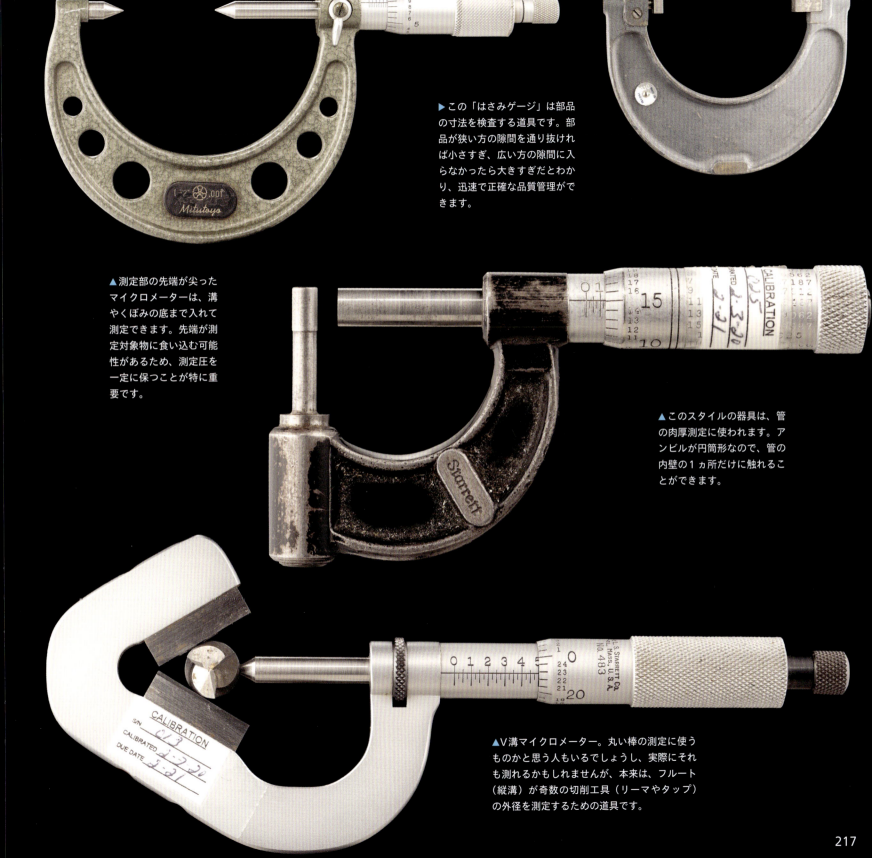

▶この「はさみゲージ」は部品の寸法を検査する道具です。部品が狭い方の隙間を通り抜ければ小さすぎ、広い方の隙間に入らなかったら大きすぎだとわかり、迅速で正確な品質管理ができます。

▲測定部の先端が尖ったマイクロメーターは、溝やくぼみの底まで入れて測定できます。先端が測定対象物に食い込む可能性があるため、測定圧を一定に保つことが特に重要です。

▲このスタイルの器具は、管の肉厚測定に使われます。アンビルが円筒形なので、管の内壁の1ヵ所だけに触れることができます。

▲V溝マイクロメーター。丸い棒の測定に使うものかと思う人もいるでしょうし、実際にそれも測れるかもしれませんが、本来は、フルート（縦溝）が奇数の切削工具（リーマやタップ）の外径を測定するための道具です。

217

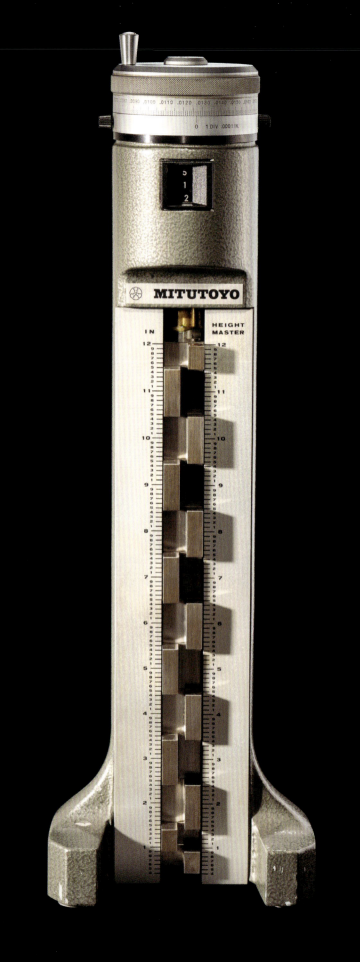

ハイトゲージ（高さゲージ）

　ハイトゲージ（高さゲージ）は、基本的にはノギスの仲間といえます。固定側ジョーの代わりに、フライス盤のテーブルや精密石定盤（次ページ）などの水平面に立てるための足がついています。

　デプスゲージ（深さゲージ）も水平面に置かれますが、測定用のロッドが足よりも下に出て、穴や溝の中に入っていきます。デプスゲージは、ある興味深い一点において、ハイトゲージ、マイクロメーター、ダイヤルゲージと違っています。それは、安くて精度の低いものが広く出回っているという点です。理由は、安価なデプスゲージを多数必要とする特殊な購買層が存在するからです。

　タイヤ販売業者なら誰でも言うことですが、トレッドの溝がほとんど残っていないくらい摩耗したタイヤを付けて走るのは、とても危険です。タイヤの溝が危険なほどすり減っていれば、見てわかります。けれども、新しいタイヤを売りたい側にとって、現在のタイヤで運転を続けた場合にあなたの命がどれだけ危ういかを数字で示す道具があれば、とても便利です。こうして生まれたのが、安価なタイヤ溝ゲージの一大市場です。ゴムは柔軟性がありますし、タイヤの表面はざらついていますから、そもそも正確な測定は不可能で、精度の高さは求められません。

◂これはミツトヨのハイトマスタという高さ基準器の旧型で、巷では「キャデラックゲージ」として知られる優れた道具です。正確に1インチ（25mm）の高さの精密測定ブロックが12個積み重なっています。上部のダイヤルによって測定ブロック全体を1インチの範囲で上下に動かすことができ、ダイヤルには1万分の1インチ単位の目盛りが記されています。言い換えれば、ブロックの上面または下面を、0～12インチ（305mm）の間で、1万分の1インチ（0.0025mm）単位で位置決めできます。

◂このバーニヤハイトゲージはノギスと同様のつくりですが、片方の端に台座があり、石定盤の上に立たせることができます。

▸この精密デプスゲージに搭載されたマイクロメーターの測定可能範囲は1インチ（25mm）ですが、延長ロッドを使えば、最大6インチ（152mm）までの穴の深さを測れます。

▾精度200分の1インチ（0.01mm）のデプスゲージ

▴▸デプスゲージの用途で最も多いのは、タイヤの溝の深さチェックでしょう。そこでは精度の高さは求められません。

◂デプスゲージとハイトゲージが合わさったような、テーブルソー用ハイトゲージ。テーブルソーの刃の高さを設定する時に使います。

◂この販促用見本は、タイヤの摩耗段階を「問題なし」から「安全のために今すぐ金を払え」までの3段階で説明するためのものです。

219

石定盤
いしじょうばん

前のページで紹介したハイトゲージの精度は、それが置かれている面に大きく左右されます。下が完全に水平でなければ、意味のある測定はできません。ですから、ハイトゲージを使うには特製の精密な基準平面が不可欠です。

基準平面には2種類があります。機械加工された鋳鉄製のテーブル（たとえばフライス盤のテーブル）と、精密な花崗岩または斑レイ岩の定盤です。精密測定の基準面に石を使うのは意外に思われるかもしれませんが、石定盤は金属で作りうるどんな平面よりも平坦です。すべての金属ブロックには内部応力とばらつきがあり、その結果、何ヵ月も何年もかけてゆっくりとクリープ（変形）が発生します。深成岩は形成されてから数百万年も経っていますから、応力はとうの昔に安定しています。

また、意外にも、石の定盤は上に重いものを落としても大丈夫です。たしかに落下物が当たった場所は欠けて使えなくなりますが、そこを避けて別の場所を使えばいいだけで、石全体が駄目になるわけではありません。ところが、同じことが金属製のテーブルに起こると、目に見えるへこみだけでなく、その周囲の金属が変形して微妙な膨らみができます。この膨らみは目に見えないので、避けるのは困難です。

平面の定盤だけでなく、極めて正確な直角定盤、長形定盤（ストレートエッジ）、ステップブロック（階段ブロック）にも花崗岩や斑レイ岩が使われています。これらの石製工具は金属製に比べて目が飛び出るほど高価ですが、金属部品を測定する際の基準として十分な精度と安定性を備えているのは、石製だけなのです。

機関車や船舶エンジンの製造工場で使われる精密な石定盤のうち最大のものは、長さ40フィート（12m）以上、厚さ3フィート（1m）以上もあります。当然、非常に高価です。一方、私が持っている最大の石定盤は、1個80ドルという破格の安値で数十個まとめ買いして、庭のベンチになっています。

いきさつはこうです。何十年も前、私の町には、石定盤の上に設置した超精密研磨機を使ってアルミ製ハードディスクプラッタ（円盤）を製造する会社がありました。ところが技術の進歩に伴ってプラッタに求められる要件が厳しくなり、件の研磨機は時代遅れになって、石定盤はその道連れになりました。何十個もの石定盤は、オークションで地元の石材店が買い取りました。そのすぐ後のこと、たまたま私はその石材店の駐車場に車を停めました。四角い石の塊があちこちに積み上げられ、敷地内の車の通行を邪魔して、迷惑極まりない状態でした。そこで石材店のオーナーは、石を目の前から消し去ってくれることを条件に、私に叩き売ったのです。

この話には悲しいおまけがあります。私はスクラップになったアルミ製プラッタも2000ポンドと少し（約1000kg）引き取ったのですが、木箱ごと物置から盗まれて、今は小箱ひとつぶんしか手元に残っていません。それはそれとして、次のページでは、プラッタの厚さを正確に測定し、新しい規格に適合しているかどうかを判定できる数少ない器具のひとつを紹介しましょう。

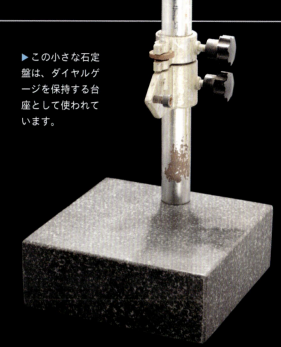

▶ この小さな石定盤は、ダイヤルゲージを保持する台座として使われています。

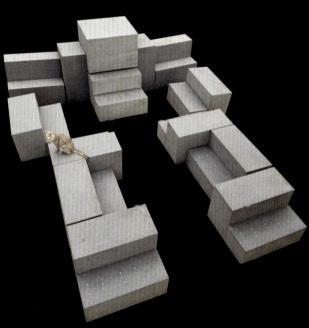

▲ これらの石定盤が本来の役目を果たしていた時、上下の面は100万分の1インチ以内の精度でまっ平かつ水平を保ち、定盤だけで一財産でした。けれども今やスクラップと化し、ほとんど価値はありません。私は荒地用フ

◀ この石定盤は18×24インチ（45×60cm）しかありませんが、このサイズでさえ、定盤全体で最大偏差1万分の2インチ（0.005mm）の精度を確保するためには、4インチ（10cm）の厚さが必要です。

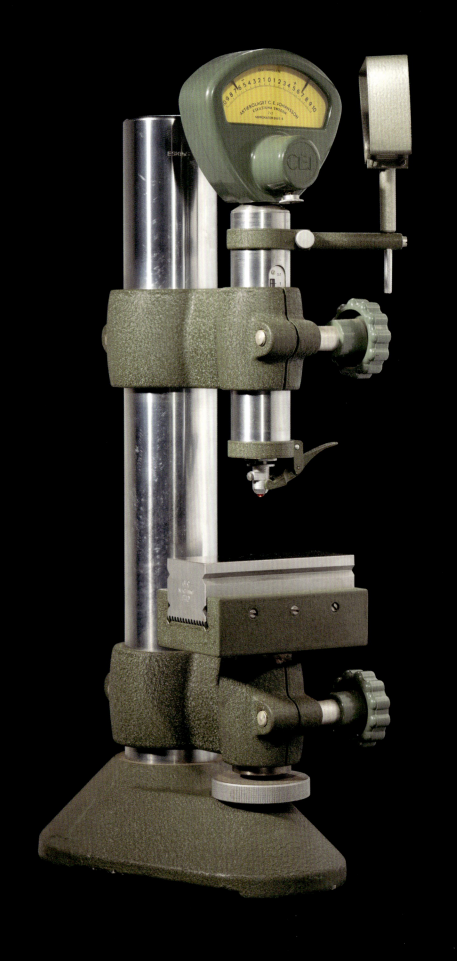

マイクロケータ

　これこそ、私に光のサイズを考え直させた装置です。待て待て。光のサイズとは何のこと？

　光は波であり、すべての波には波長があり、波長とは、波の頂点から次の頂点までの距離として定義されます。可視光線の波長は、約400nm（ナノメートル）から750nm（1nmは10億分の1m）の範囲です。その実際的な影響として、およそ500nm（緑色光の波長）より小さいものは、光学顕微鏡では見えません。光をあてて観察しようとしている対象が光の波長よりも小さければ、光がきちんと反射されないからです。

　では、500nmとは──100万分の1mの半分とは──どれくらいの大きさなのでしょう？　かつての私の直感では、光は極端に小さいという認識でした。あまりに小さすぎて直接感じ取ることができないサイズ、たとえば機械的な装置の動きから知ることなどできないサイズだと思っていました。そういう思い込みを吹っ飛ばしたのが、オークションでたまたま出会って100ドルで入手したこの装置です。

　これは、おそらく1960年代にスウェーデンで製造された精密高さ比較測定器で、ブランド名はMikrokator（マイクロケータ）といいます。使い方は、まず、基準となるもの（通常はゲージブロックと呼ばれる非常に注意深く作られた金属のブロック）を探針の下に置き、表示盤の針をゼロ位置に合わせます。次に、ゲージブロックの代わりに測定したいものを置くと、両者の高さの違いがごくごくわずかな場合に限り、指針がその差を表示します。表示盤の目盛りは端から端まででプラスマイナス1万分の1インチ（0.0025mm）で、言い換えれば、一般的なマイクロメーターの精度限界が、この測定器では測定可能範囲全体にあたるのです。

　細かい目盛りは100万分の2インチ。100万分の1インチは約25nmですから、目盛りは50nm刻みです。つまり、緑色光の波長である500nmは、この測定器の目盛り10個ぶんにあたるのです。表示盤の端から端までで、緑色光の波10個ぶんの長さをあらわしています。

　ワオ！　純粋に機械的なこの装置が、直接、機械的に、可視光の波長の10分の1以下の高さの違いを読み取っているということです！　さらに、表示盤の前に取り付けた拡大鏡で、針の位置を1目盛りより小さい部分まで確実に読み取れるので、おそらくは約10nm（緑色光の波長の50分の1）まで測れるでしょう。

　それは率直に言って、私の認識を吹っ飛ばしました。自分はそれについて考えたことがなかった、という意味で。今にして思えば、そこまで驚かなくてもよかったのです。当時の私も、1万分の1インチ（0.0025mm）まで読み取れる測定器がありふれていて、超高精度というわけではないことは知っていました。私は長年そういう測定器を持っていて、ちょっと計算すれば1万分の1インチは緑色光の波長5つぶんでしかないことはわかったはずでした。つまり、一般的な工具でさえ、個々の波長に近い長さを測定できるのです。

　マイクロケータはその50倍の精度です。50倍はかなりの違いですが、別の惑星の話くらい巨大な違いではありません。それでも、この装置にとって、光は大きいのです。光の波長1ダース分の長さが、この装置では文字通りメーターを振り切ってしまう大きさなのです。これに気付いてから、光の大きさに対する私の見方は永遠に変化しました。光はありえないくらい小さいという考え方には、もう決して戻れないでしょう。

　この驚異の測定器をもって、「長さを測る道具」の世界を巡る旅は終わります。この先は再び、「切る」「焼く」「叩く」「締め上げる」工具に戻ることにしましょう。

◀この装置は、すべての部分が剛性と安定性を至上命題として設計されています。支柱は中まで詰まった（中空ではない）スチール製。測定経路にはベアリングはなく、バックラッシュがゼロのフレキシブルスプリングマウントだけです。測定針の先端はルビーの球です。測定圧力は、校正されたバネが供給します。使用する際には、測定器と測定対象物の両方を何時間も一定の温度に置いて落ち着かせなければならず、室温が1度の何分の1かでも変化してはいけません。

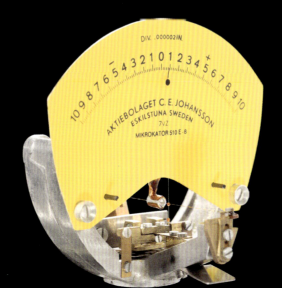

◀この装置の機構はシンプルでなければなりません。なぜなら、ほんの少し複雑なだけの仕組みすら駆動できないくらい、「動き」がないからです。心臓部は、表示盤の針の根元を支える接着剤の小さな玉を貫く細い金属リボンが、玉の両側で逆方向にねじって張られているだけです。リボンが少しでも引っ張られると、伸びに比例してねじれがゆるみます。リボンの金属自体が伸びるのではなく、ねじれがゆるんでより長いスペースに対応できるように調整されているということです。指示針は目に見えないくらい細いグラスファイバーなので、黒く塗られた先端だけが空中を飛んでいるように見えます。

223

グラバー（はさんでつかむ道具）

　グラバー（つかむ道具）やスクイーザー（締め上げたり圧縮したりする道具）には多彩なバリエーションがあります。つかむ対象物の大きさ、形、温度、壊れやすさが極めて幅広いからです。小さい方の極にはピンセットがあり、サラダ用のトングがそれに続きます。対極には、重い輸送用パレットを引っ張ったり、小さな木を地面から引き抜いたりする巨大な鋼鉄製のジョー（あご）を持つ工具があります。

　圧搾のためにねじや油圧を使う工具は、ここには含めませんでした（もっと先のページで出てきます）。このページで紹介する工具はすべて、人間が直接握るか、てこの原理を巧みに応用して引っ張る力を増幅させて、はさんだり締めたりするタイプです。

　自動締め付け式スクイーザーの典型的な例は、チャイニーズフィンガートラップと呼ばれる平紐で編んだ筒状のおもちゃです。縮めてある時は直径が広く、簡単に指を入れられますが、いざ指を抜こうとすると筒の長さが伸び、指を締め付けます。指を強く引けば引くほどきつく締まり、このいたずらを仕掛けられた子供は大きな苦痛を感じることになるのです。

　製氷業者が氷のブロックをつかむのに使うような氷ばさみも、一方通行のラッチ機構を利用した工具の一例です。持ち手を引く動きが、支点の仕組みによって、あごを狭めてがっちりとはさむ動きになります。

　グラバーのハンドルの長さを長くしたり、ジョーの長さを短くしたりすると、より大きな圧力をかけることができるようになります。それをさらに進めると、プライヤーの領域に入ります。

▲片方は沸騰した湯の中から熱い保存瓶を取り出すためのトング、もう片方はママのお腹から出たがらない気難しい赤ん坊をつかむための鉗子です。

▼この引っかけ鉤は、頭上の垂木や梁から吊り下げ、ロープやチェーンをかけて干し草を吊り上げます。真下に立つのはやめましょう。

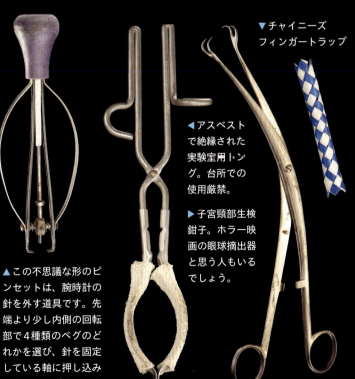

◀トラックの荷台の前方から後方（フォークリフトがフォークを差し込める位置）までパレットを引きずっていくためのパレットプーラー。

▼チャイニーズフィンガートラップ

◀チャイニーズフィンガートラップと同じ仕組みのワイヤープラー。壁の穴や管の中に電気ケーブルを通します。

▲先端が炭素繊維製のピンセット。デリケートで静電気に敏感な電子部品用です。

▲この不思議な形のピンセットは、腕時計の針を外す道具です。先端より少し内側の回転部で4種類のペグのどれかを選び、針を固定している軸に押し込みます。いわば世界一小さいギアプラーです。

▶アスベストで絶縁された実験室用トング。台所での使用厳禁。

▶子宮頸部生検鉗子。ホラー映画の眼球摘出器と思う人もいるでしょう。

▲フェンスにワイヤーを張る工具。左下のあごにワイヤーをかませて鉤側に引っ張ります。

▶これで馬の上唇をつかんで絞めると、馬がおとなしくなるのだそうです。嘘だと思ったら「鼻ネジ」を検索してみて下さい。

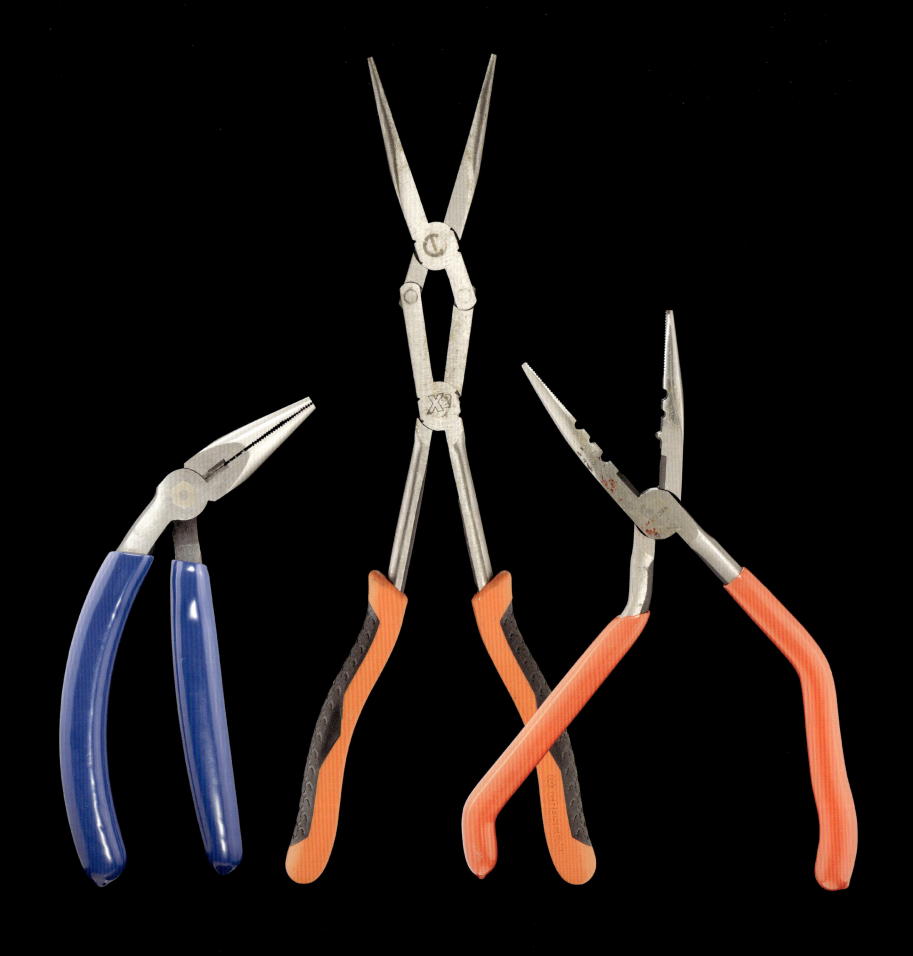

プライヤー、ペンチ

プライヤーやペンチには、短く頑丈なあご（くわえ部）で太い針金を切るか、狭い筒の奥で留め具を曲げるかなどの用途に応じて、多様な形があります。届きにくい場所に対応して先が曲がったもの、大きなものをつかむために蛇のあごのようにがばっと開くものもあります。

最も基本的なプライヤーは、口幅を2段階に調節できるスリップジョイントプライヤー（コンビネーションプライヤー）です。ジョイント部分のフィットが緩く、鍛造後に機械加工をする必要がないため、安く作れます。ジョイントの緩さゆえ緻密な作業には向きませんが、ひどく錆びていてもたいてい新品と大差なく使えます。高級なプライヤーには全面的に機械加工されたジョイントがあり、あごの位置が完全に揃うようになっていますが、雨に濡れたまま放置するとすぐに動かなくなります。

ラジオペンチも同じくらい一般的です。長さはいろいろで、あごの先にギザギザが刻まれた一般作業用の他に、滑らかな先端部を持つアクセサリー制作用ヤットコもあります。こうした普通のペンチの他に、あまたの特殊なペンチが存在します。

▶機械加工が施された端正なジョイントを持つこのペンチは、大切に扱う必要があります。

◀常に新しい角度のペンチを考え出そうとしている人たちがいる証拠です。

▲ありふれたコンビネーションプライヤー。ジョイントをスライドさせて、あごが完全に閉じる位置と、口を大きく開いて大きなものもつかめる位置にセットできます。

◀◀下ぶくれの顔みたいな……そう思うのは私だけかもしれませんが、どこか滑稽な形です。

▲ピノキオなら、いいラジオペンチを作るんじゃないでしょうか。

▲アクセサリー制作用の丸ヤットコ。小さい！

特殊なプライヤー

　プライヤーのあごは百花繚乱です。このページに載っているのは、そのほんの一部です。特殊なバリエーションをすべて紹介することはとてもできませんし、次のページには「自分をレンチだと思っているプライヤー」も控えています。

◀中央のジャー・ジャー・ビンクス似のプライヤーは、車のフェンダーエッジ修正用です。左のピンサー〔日本での呼び名は「ワニ」〕は靴作りで使われる道具。では、右の笑う恐竜は？これがなぜ作られ、何に使われたのかはよくわかりません。

◀Switch Grip プライヤー。柄の部分が180度近く反転して、普通のプライヤーとラジオペンチの2通りに使えます。

▼アクセサリー作りで、貴金属の針金や細い棒を曲げて各種の直径の輪にするためのヤットコ。

◀5枚あごのプライヤー。これでダクトの端のぐるりを細かい波型に曲げて直径を少し小さくし、もう1本のダクトにはめます。

◀洗濯機の背面のよく見えない位置に、アクロバティックな姿勢で上から腕を差し入れて給水用ホースを取り付けるためのプライヤー。

▲アンティークの牛用去勢器。完全に閉じると、パチンとロックがかかります。

▶靴の幅を広げるためのプライヤー。

▲クルミ割り器ではなく、ホグリング（フェンスへの金網取り付けなどに使われる金属クリップ、写真のクチバシの間に見える）を締めてリング状にするプライヤーです。

▲これもクルミ割り器ではありません。歯科医が抜歯に使う道具です。

プライヤーレンチ

プライドを持つ職人にとって、プライヤーでボルトを回すのは、おそらく最も恥ずべき行為です。単純に、それをしては駄目。でも、みんなやっています。鼻をほじるのと同じです。誰もが一度は、ペンチをレンチとして使います（そして、人が見ていない時にやることを学びます）。ただし、鼻をほじるのとは違って、ありがたくも工具メーカー各社は、ユーザーが「あいつはペンチをレンチとして使った」という烙印を押されずに済むように、さまざまな工具を設計してくれています。自社の工具をはっきり「プライヤーレンチ」と呼んでいるブランドもあります。

社会に認めてもらえるプライヤーレンチを作るには、2通りのアプローチがあります。ひとつは、モンキーレンチと同様にナットの2つの辺をがっちりつかめるよう、あごの内側を平らにし、それを何らかの方法で平行に保つ方式。もうひとつは、両方のあごに60度の切り欠きを入れて、ナットの4つの辺をつかむ方式です。いずれも、ナットを回すために設計されたように見えるという利点があります。

わかりましたか？ プライヤーで好きにナットを回して下さい。普通のペンチでもOK。ただし、極端に固く締まっているナットに使うのは禁物です。この工具は、あごを閉じてナットをつかむ力をあなたの握力に頼っており、無理に回そうとすると滑ってしまうからです。それも、誰かが見ている時に。

◀プライヤーとモンキーレンチの合体。この便利さを疑う人がいるでしょうか？ います。これを使ったことのある人全員です。レンチ側を使おうとすると、邪魔そのものの場所にプライヤーのハンドルがあるのです。レンチは諦めて全部プライヤーで回したくなるくらいです。

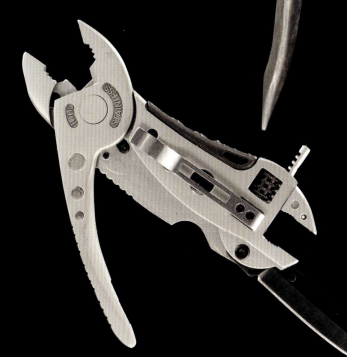

◀これは古い（1916年に特許取得）スライド式平行あごのプライヤーで、発明者はプライレンチと命名しています。クールなデザインで、現代のコレクターにもファンがいます。

▲このプライヤーは他のコンビネーションプライヤーとは違い、カム機構が常にあごを正確に平行に保ちます。プライヤーレンチの名に恥じない製品です。

▲販促資料には、顧客を安心させるため、あごの切り込みがナットの4辺をグリップしている写真まで載っています。

▲プライヤーとモンキーレンチの合体の、もうひとつの例。この新しい工夫は左ページの製品よりもうまく、実際に工具として役立ちます。一例をあげると、レンチを使う時にプライヤーハンドルがロックされて、邪魔になりません。

▶車載バッテリーのナット用のこうしたプライヤーは、他人がどう思おうが気にしない年配者向きです。

231

バイスグリップ

VISE-GRIPはブラック＋デッカー社の商標ですが、それはフォトショップがアドビの商標だとか、クリネックスがキンバリー・クラークの商標だというのと同じで、誰も気にせずに他社の類似品もその名で呼びます〔ロッキングプライヤー、バイスプライヤーなどとも呼ばれます〕。ブランドに関係なくあらゆるバイスグリップの最大の特徴は、つかめる範囲内であればてこ力が事実上無限に大きくなることです。ハンドルを閉じると、最初はあごが素早く閉じ、次にだんだんゆっくりと、より大きな力で閉じ、最後にあごがパチンとロックされて、あとは何も力を使わなくても、はさんだものが固定されます。

重要なのは、この無限のてこ力が発生する範囲を、ハンドル部分のつまみねじを回すことで正確に調節できる点です。これによって、どんな寸法のものでも大きな力ではさんで締めつけ、動かなくできます。

バイスグリップは、言葉では言い尽くせないくらい便利です。ペンチ、レンチ、プライヤーのカテゴリーでたったひとつしか工具を持てないとしたら、私はバイスグリップを選ぶでしょう。普通のプライヤーと同じようにも使えますし、他のどんな手持ち工具より強い力で物をつかめます。レンチのようにナットやボルトを回せますし、ねじ山がつぶれたねじの頭をつかんだり、釘を引き抜いたりもできます。パイプレンチの代わりになり、バイス（万力）の名の通り、ワークを固定するミニ万力としても使えます。なかには、クランプ代わりに木材を固定できるものもあります（ただ、それは次ページで紹介する本物のクランプに任せた方がいいでしょう）。

◀ 今のVISE-GRIPブランドの生産地は中国です。米国でVise-Gripを作っていた工場はMalco社に買収されて今はEagle Gripという名のバイスグリップを作っています。いったいどちらが本家の本物？

▼ 調節ねじの代わりにバネの付いたスライド部があります。しかし、およそ適切なタイミングでロックしてくれません。

▶ このバイスグリップは、あごの奥行きが非常に深いので、金属板の真ん中を固定できます。

▲ ハンドルとあごの間をどれくらい離せるかの限界に挑戦する、クレイジーな長さのバイスグリップ。

▲ アンティークなハンドクランプ。ある意味でバイスグリップの前身です。

▲ これはボール盤のテーブルにボルトで固定できます。

▶ チェーン式バイスグリップ？

◀ 初期の変わり種。ものをつかんでロックできますが、無限のてこ力はありません。

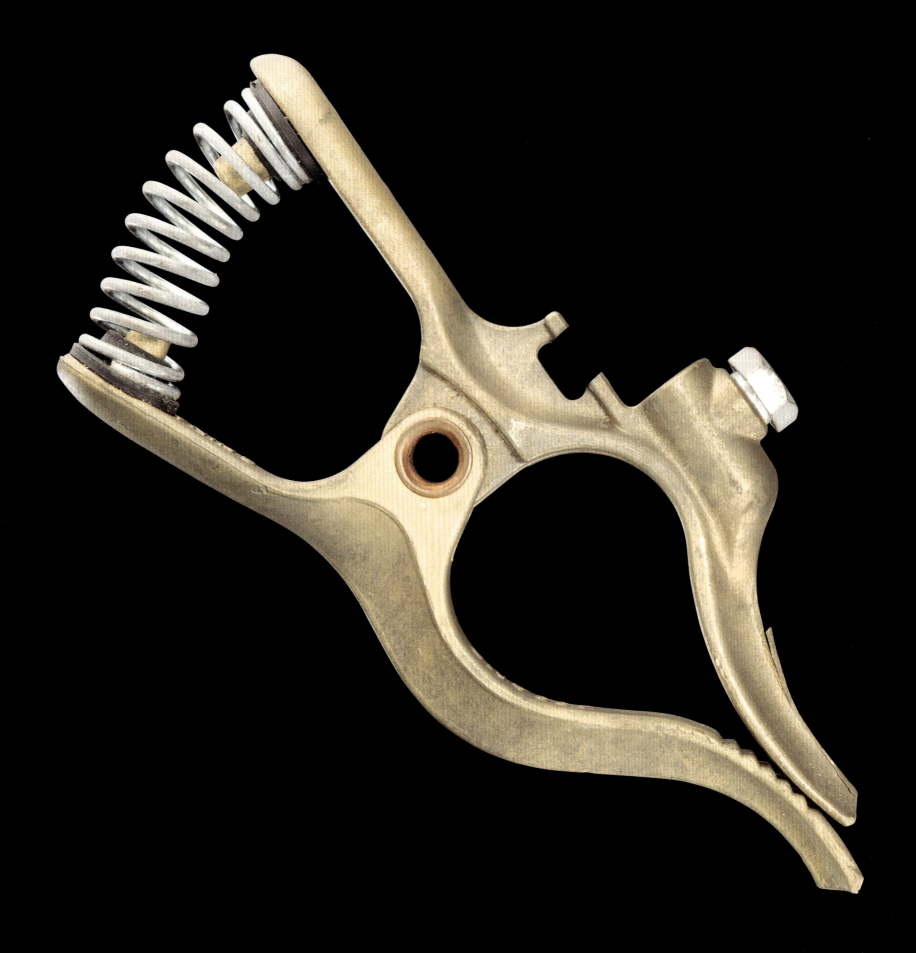

繊細なクランプ

クランプを使う理由は多種多様です。そのニーズに応えるため、多種多様なクランプが存在します。このページで紹介するのは、大まかにいえば繊細なクランプ、つまり、固定するものの表面を傷つけないよう、荷重を分散させる設計で作られているものです。

右の写真のような、手でねじを締める木製の平行クランプは、ほぼ木工職人しか使いません。そして、彼らはしばしば石定盤(いしじょうばん)と同じくらいこのクランプを贔屓(ひいき)し、自慢したがります。騙(だま)されてはいけません。ディスカウントストアで売っている10ドルの平行クランプでも、木工用品専門店で売っている100ドルのものと遜色ない仕事をします。平行クランプは前後の開き具合を独立して調整できるので、あごの間の角度を望みどおりに設定でき、汎用性が高いのが特徴です。ここでプロからのアドバイス。あごの開閉を一番素早く行う方法は、両方のハンドルを持って自転車のペダルを回すように互いに対して回転させることです。そうすれば、あごの両端が同時に同じ方向に動きます。

次のページでは、繊細な外交よりも力の行使を意識したクランプをいくつか紹介します。

◀ばねクランプのように見えますが、何かの固定用ではなく、溶接で使うアースクランプです。そのため、がっちりした真鍮製で、太い導電線を取り付けるための端子があります。

▶ばねクランプは、洗濯ばさみや書類用ダブルクリップでも、接着作業で十分な力を発揮します。ただ、一度に多数を使って負荷を分散させましょう。

▶最も古い平行クランプは、ねじまですべて木で作られています。現代の製品のねじは、より機能の優れたスチール製です。

◀木製の平行クランプは、最も対応力が高く、どんな形のものにも適応します。

▲このプラスチック製クランプはリバーシブルで、内側からも外側からも固定できます。

◀全体が金属製の小型平行クランプもあります。

235

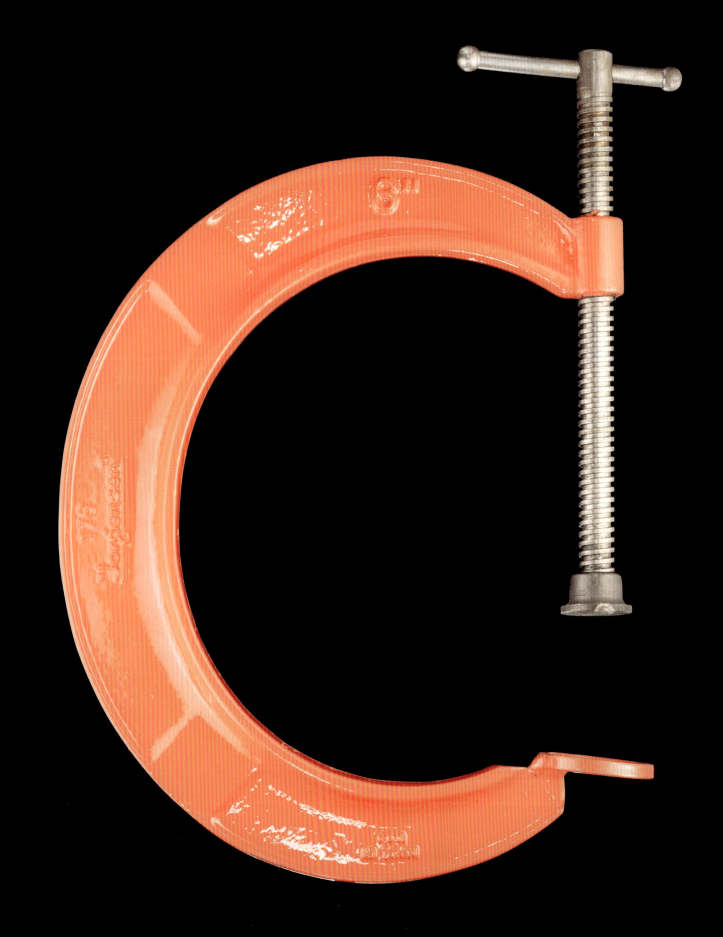

荒っぽいクランプ

クランプに関する最大の助言は、「数の多さこそ正義」ということです。あなたが今何個クランプを持っているかに関係なく、もっとたくさん持つべきです。このページのクランプはかなり強く締められますが、ほとんどの場合は弱めに締めたクランプを多数使う方が良い結果が得られます。

特に木材を固定する時にはそうですが、金属が相手でも歪みやへこみを避けたければ同じです。

クランプが持つ「締め上げる力」という点では、C型クランプとパイプクランプが最も強力です。それ以上の力が必要な場合は、次のページをご覧下さい。

▶ パイプクランプはバークランプのバリエーションです。あご2個と標準的な鉄の水道管1本を使って自作するだけです。利点は、自分に必要な長さのクランプが手に入ることです。

◀ 今まで見たC型クランプの中で、段違いに一番ゴージャスな逸品。エレガントな形にさくらんぼ色。傷も汚れもありません。美しすぎます。ピカピカの状態を損ないたくないので、使う気になれません。

◀ 西部劇に出てきそうな古いC型クランプ。製造したペック・ストウ&ウィルコックス社(1870年創業)は2003年に倒産し、跡地は開発業者に買われて、今は空き地です。米国の栄枯盛衰の歴史の一例です。

▶ バークランプは、片方のあごをバーに沿ってスライドさせるので対応範囲が広く、調節も素早くできます。

▶ このクランプは、整形外科の手術の際に骨をつかんで固定します。手術といっても、大工仕事とそんなに違いません。

▶ 滑稽なほど厚いC型クランプ。

▲ バークランプをより使いやすくしようと、変わったアプローチもいくつか試されてきました。

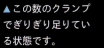

▲ この数のクランプでぎりぎり足りている状態です。

237

小型のバイス（万力）

バイス（万力）はクランプによく似ています。一般的に、バイスは作業台に取り付けて使用するか、少なくとも作業台の上で使います。このページでは、小型で特殊なバイスを紹介します。本当に小さくて繊細なバイスもあります。次のページでは、極めて重く、非常に荒々しいバイスが出てきます。

余談ですが、vise〔バイス、万力〕とvice〔悪徳〕は発音が同じでもまったく別の言葉です。viseはここで扱っている工具です。語源であるラテン語のvītis（ウィーティス）は、つる植物の巻きひげ（くるくるねじれて巻きつく器官）を指します。viceは道を外れた行いで、欠点や欠陥をあらわすラテン語のvitium（ウィティウム）に由来します。本書の原稿でviseをviceと書き間違えていなければいいのですが〔訳者より：書き間違いはありませんでした〕。

▶ このアルミ製バイスはおもちゃ同然ですが、模型作りやその他の小物の繊細な作業には向いています。

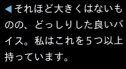

◀ それほど大きくはないものの、どっしりした良いバイス。私はこれを5つ以上持っています。

◀ 小型の鋳鉄製バイス。サイズはミニでも、本格的な使用を想定して作られています。

◀ これはバイスではなく、私のクルミ割り器です。

▼ 発明家だった祖父がこれと同じクルミ割り器を持っており、私は彼が自作したと思っていました。しかし、違うのかもしれません。祖父の死から何十年も後に中国でこれを買ったからです。

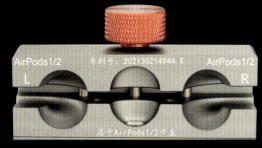

▲ 精密加工が美しいこのバイスは、3世代のアップルAirPodワイヤレスヘッドホンを傷つけることなく保持します。

▲ この愛らしい小さな木製の万力は、露天商が四角い印鑑用の石材を固定して、あなたの名前を（漢字で）彫る時に使われます。

239

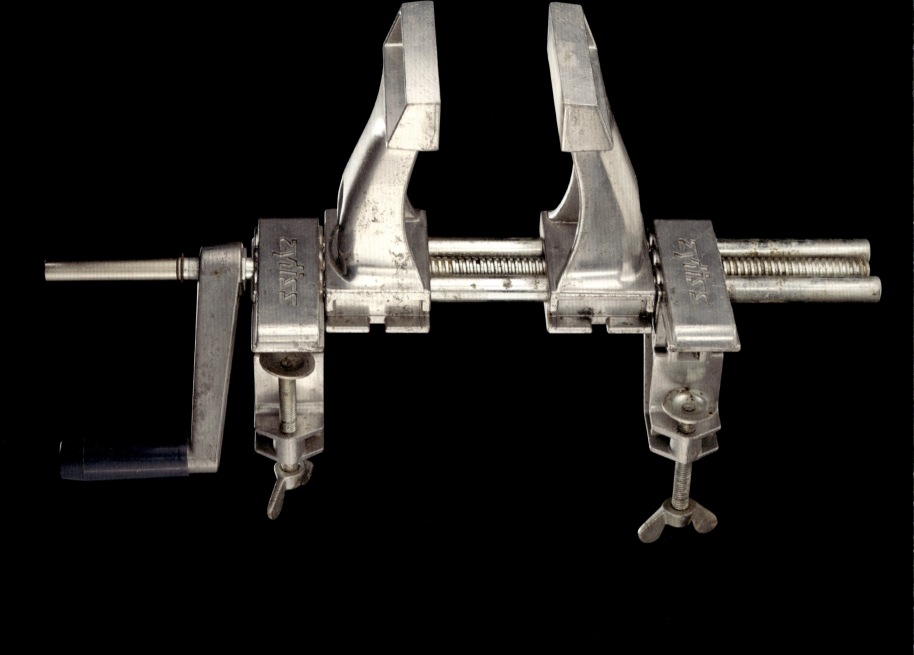

大型のバイス（万力）

優れた金属加工用卓上バイスは、適切なアンビル（かなとこ）と同様、重くなければいけません。それも、圧倒的に。工具には、正しく扱えば一生使えるものがあります。卓上バイスは、叩かれたり、乱暴に引きずられたり、酷使されたりしても、一生もちます。バイスに全然へこみがないなんて、まともに使われていない証拠です。

木工用バイスの方は、木でできていることも多く、大きさは同じくらいでもそれほど粗暴ではありません。特に木製の作業台と一体になっている場合、バイスの切り傷やドリル傷は好ましくありません。

このページのバイスは、どんなものも保持できるよう作られています。つまり汎用バイスで、どの作業場にも少なくとも1台は必要です。特殊バイスについては、次のページで魅力的な例を見ていきましょう。

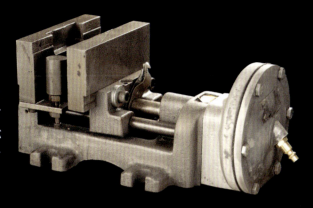

▲このバイスにはハンドルがなく、圧縮空気であごを閉じます。生産現場でクランプ固定と解除を繰り返す場合には適しているでしょう。

◀スイスで作られた、主に木工用のアルミ製バイス。私が子供の頃からずっと持っている、大好きなバイスです。軽量ですが十分に堅牢で、さまざまな賢い使い方ができます。

▶これは私にとって初めての本格的バイスで、高校時代、毎週金曜夜に化学ラボで働いたお金で買いました。何年もの間、私のメインの（そして唯一の）バイスだったと言っていいでしょう。あごを回転させたり反対向きにしたりしてパイプを固定できますし、本体の上部をかなとこ代わりにして、上で何かを叩くこともできます。

▼鋳鉄ではなく鋼板を溶接して作られた、いいかげんで強度の低いひどいバイス。しかし、あごがすごく広く開くところには目を見張ります。

▲この小型卓上バイスの片側の上部は、角（鳥口）まで付いた小型かなとこになっていて、ハンマーで何かを叩く時の台にできます。メインのあごの内側にある第2のあごは、映画のように飛び出してくることはなく、パイプの保持に使われます。

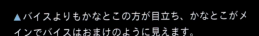

▲バイスよりもかなとこの方が目立ち、かなとこがメインでバイスはおまけのように見えます。

241

特殊なバイス（万力）

　最も重くて最も強力なバイスは、フライス盤で金属ブロックを固定するために使われるものです。私も2つ持っていて、その種のバイスとしては比較的小型ですが、腰のためにはひとりで持ち上げてはならないと肝に銘じています。フライス盤用のバイスは非常に厚みがあります。なぜなら、フライス盤がビットを大きな力で押しつけて切削作業をする間、ワークを固定し続けるだけでなく、たわみやぶれも抑えなければならないからです。精密機械加工では1000分の1インチ（0.025mm）のたわみも許容されません。

　大径の鋼管や鋳鉄管も、大型バイスを必要とします。パイプを切断のために固定する際には、がっちり固定して回転を防がねばならず、そのためには頑丈な工具で極めて強い力をかけることが必要です。

◀鉄骨の溶接に使われる、非常に重いコーナークランプ。鉄骨を固定した後に角の部分を溶接するので、角を避けた位置にあごが配置されています。

▼工作機械作業用バイスのハンドルは、取り外せるので加工作業の邪魔になりません。この種のバイスは基本的に全体が中まで詰まった鋼鉄で作られています。

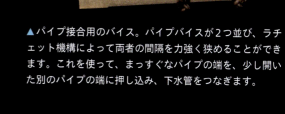

▲パイプ接合用のバイス。パイプバイスが2つ並び、ラチェット機構によって両者の間隔を力強く狭めることができます。これを使って、まっすぐなパイプの端を、少し開いた別のパイプの端に押し込み、下水管をつなぎます。

▼サインバイス（角度バイス）。精密な回転軸が複数あり、多様なゲージブロックと若干の計算によって、正確な傾斜角度にセットできます。

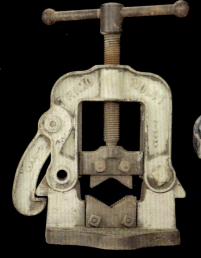

◀パイプの端にねじ山を切りたい場合は、パイプが回転するのを防ぐため、パイプバイスが必要です。ねじ切りでは回転方向に非常に大きな力がかかるからです。

▼ポンププラーバイスは、井戸からポンプの管を引き上げる時に使います。管が滑り落ちそうになると、右側の蝶番の付いた部分が強く管を噛みます。右端のペダルを踏めば解除されます。

▲バイスのねじのねじ溝は、通常のねじのように側面が斜めではなく、垂直になっています。これによって、ねじを押す力が傾斜によって内側に向かうことがなく、ねじの軸方向に力を加えることができます。

243

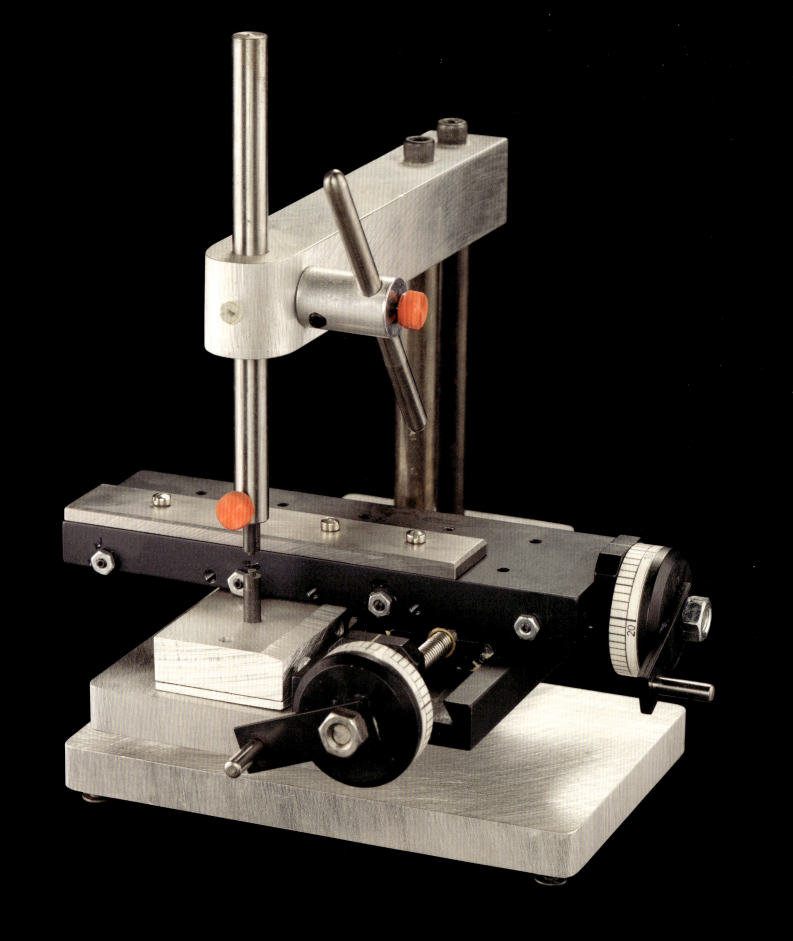

プレス機

世界最大級の工作機械類はビルくらい大きく、数千万ドルもしますが、油圧プレス、成形プレス、鍛造プレスはそのなかに含まれます。こうしたプレス機は製造業にとって非常に重要です。第2次世界大戦でドイツが降伏すると、米軍とソ連軍は、戦闘機生産のカギとなるドイツの優れたプレス機を先を争って接収し、研究しようとしました。（私は大型プレスは持っていません。）

もっと身近な規模では、アーバープレスや工房向けサイズの油圧プレスが、ベアリングをプーリーに押し込んだり、バイスより強い力で何かを強く押したりするために活躍しています。一般的な作業場用プレスの能力は最大20ショートトン（1万8144kg）ですが、私が大好きなイリノイ大学のプレスは1500ショートトン（136万kg）のパワーがあり、毎年、地元の小学生を楽しませるためにその怪力でコンクリートの円柱を破壊してみせています。このプレスは2本の大きな親ねじでヘッドを素早く上下させますが、いざ圧搾する段になるとこのねじは回転せず、かわりに床下にある巨大な油圧シリンダーがねじの付いた構造部もろともヘッドを引き下げます。

圧延装置は、何マイルもの鋼板を作ることも、数グラムの金を繊細にプレスして指環用の棒にすることもできます。熱を加えてTシャツに図柄を転写したり、巻き毛をストレートにしたりするプレス機もあります。プレスブレーキは、金属板をV字型の金型に押し込んで曲げます（私は、169ページの小型の装置と、それより小さいこのページのものを持っています）。

▲パスタマシン（上）や洗濯物絞りローラー（左）も、一種の圧延機です。

◀すばらしく精密なハンドプレス。X-Yマイクロメーターテーブルと、ピンを押し下げて正確にマーキングするレバーがあります。

▲アーバープレスは、ピニオン（円筒歯車）でラック（直線歯車）を動かし、最大1トンほどの力でプレスします。

◀プレス機でコンクリート円柱を破壊する実演が嫌いな人はいないでしょう。円柱がついに壊れると、床が揺れ、子供たちの悲鳴が響きます。

▼圧延機には磨き上げられたスチール製ローラーが2本あり、これを正確な間隔に調整した後、逆方向に回転させると、軟らかい金属を圧延できます。

◀このミニサイズのプレスブレーキは、小さな真鍮板を最大90度まで曲げることができます。

▲圧力に熱を組み合わせれば、ホットメルトパッチを衣類に貼り付けたり、Tシャツに図案を転写したりできます。

245

スプレッダー（拡張工具）

　ここまで、何かを押し付けたり潰したりするさまざまな工具を、力の強さ順に紹介してきました。バランスを取るべく、今度は押し広げる工具を見てみましょう。

　私のお気に入りの拡張工具のひとつに、蝶番と曲げたスチール棒で自作した分離ペンチがあります。第1世代のマッキントッシュ・コンピューターが発売された時、筐体を開けるには、つなぎ目の部分を優しく、しかし十分な力でこじ開けられる特別な工具が必要でした。いつも時代を先取りするアップルは、ユーザーが自分で筐体を開けないよう、そのための工具を提供しませんでした。だから、他の多くの人と同様に、私も自作したというわけです。

　アップルは今も伝統を守っており、iPhoneを開けるには、世代を追うごとに複雑度を増す専用工具が必要です。最も便利な道具のひとつが吸盤式のスクリーンオープニングプライヤーで、子供の携帯電話のフロントパネル交換が必要になった時に、しっかり吸着して画面をはがしてくれます。

　スナップリングプライヤーも、拡張工具の代表的な例です。スナップリング（C形止め輪）には、穴用（穴の内側に切られた溝にはまる）と軸用（軸の外側に切られた溝にはまる）があります。穴用リングの取り外しは、リング両端の輪にプライヤーの先を入れて絞ります。軸用リングを外すには、両端の間を広げて、溝から外れるまでリングの直径を拡げます。（外れたリングは勢いよく飛んでいき、たいていは二度と見つかりません。交換用リングセットが人気商品なのはそのためです。）

▶ 外科用開創器（左）や膣鏡（右）は、生体用の拡張器具です。

▶ スマートフォンを開けるのに必要な吸盤工具。

◀ 1984年、初代マッキントッシュ・コンピューターを開けるために自作した工具。

▼ このスナップリングプライヤーは、切り替えレバーの位置によってハンドルを握った時にあごが閉じるか開くかを選べ、穴用と軸用の両方に使えます。

▲▶▼ 帽子（上）、靴（右）、手袋の指部分（下）の幅を広げるための道具。

◀ バッテリー端子クランプスプレッダー。車のバッテリーの端子にバッテリークランプを戻せず、ねじ回しでクランプをこじ開けるのはプライドが許さない人が使います。

▶ エラストレーターという動物去勢用具。とても小さくて太い輪ゴムを大きな四角に広げ、ヤギなどの睾丸にはめて壊死させます。

▶ この油圧式スプレッダーの拡張力は、12ショートトン（1万1000kg）です。メカニズムは単純で、油圧シリンダーが両方のあごの間にくさびを押し込んで開かせます。

ジャッキ

　ジャッキは、何かを、それが乗っている場所から離すための工具です。戦う相手は重力。ジャッキの仕事はただひとつ、「持ち上げること」だけです。そのことを決して忘れてはいけません。あなたが下にもぐって作業できるように、物体を持ち上げたままその位置に保つことではないのです。上昇できる機構は、必ず下降もできます。ジャッキで持ち上げたら、車の下で作業する前に、必ずジャッキスタンドを1つか2つ、車の下に入れましょう。（ジャッキスタンドの仕事はただひとつ、ジャッキアップしたものをその高さにとどめることだけです。それに失敗したら訴訟が起こり、欠陥ジャッキスタンドのリコールが発表されます。）

　人間を地面から持ち上げるための特殊なジャッキもあります。その安全性は大方の予想通りなので、たとえばオークションで買ってすぐに自分や子供を持ち上げたり下ろしたりして遊びはじめるのはやめた方がいいでしょう。

▲フォークリフトは車輪のついたジャッキです。この低価格モデルはモーターで油圧ポンプを駆動して1ショートトン（907kg）まで持ち上げますが、移動は手押しです。

◀鉄道のレールを持ち上げる際に使われるのでレールジャッキと呼ばれますが、大型トラックにも使用できます。乗用車なら10台持ち上げられます。

▶たいていの車載シザースジャッキは、それが付いてきた車を持ち上げられるだけの強度がある……はずです。

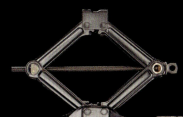

◀油圧式フロアジャッキはシザースジャッキより車を持ち上げやすいですが、重くてトランク内でかさばります。

▶油圧式ボトルジャッキはサイズが豊富です。家庭用は通常2〜20ショートトン（1814〜1万8144kg）、産業用や建設用は数百ショートトンまで持ち上げることができます。

▶これは旧式のジャッキで、現在はもっと便利な油圧ジャッキに取って代わられています。ジャッキを上げたいのか下げたいのかによって、ラチェットを左右どちらかにセットします。

▶一見年代物のように見えますが、この型は今も広く使われています。他の設計よりずっと高い位置まで上がるので、ハイリフトジャッキとも呼ばれます。

▲このリフトはあなたを約30フィート（9m）の高さまで持ち上げ、ぐらつきはごくわずかです。オークションで220ドルも払って入手し、20年以上使っていますが、一度も後悔したことはありません。

マルチツール

マルチツールは、有用性よりも楽しさと面白さに意味があります。スイスアーミーナイフとその近縁種は別として、マルチツールは日常的にまともな工具として使うには妥協点があまりに多すぎます。それでも、他人や自分自身への贈り物としての幅広い人気の妨げにはなっていません。たしかに、私は新しいタイプを目にするたびにほとんどすべて買っています。

▶ 元祖マルチツールたるスイスアーミーナイフ。常識的なサイズとそうでないサイズがあります。

◀ 私のお気に入りのミニマルチツール。つくりの良さが見事です。

▼ ひたすらに愛らしい。

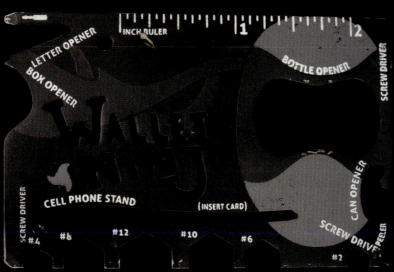

◀ これを財布に入れていたら、空港のセキュリティーに取り上げられそうになりましたが、ナイフの刃がないので事なきを得ました。

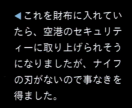

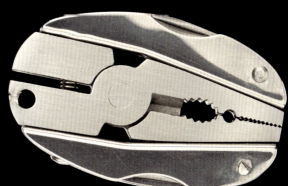

▲ 多様な機能を備えていますが、角の仕上げが粗く、残念な手触りです。

▶ キャンパーとメカニックのための究極のマルチツール。

▶ 焚き火に火をつけることも足の爪を切ることもできるマルチツールほど用途の幅広いものがあるでしょうか?

▲ プライヤーですべきではないことが2つあります。ナットを回すことと、釘を打つことです。これはその両方ができる設計です。

251

謝辞 Acknowledgments

　道具とともに歩んだわが人生に影響を与え、大きな貢献をしてくれた人は枚挙にいとまがありません。誰よりもまず、ノコギリやドリルの使い方を教えてくれた父と、編み物や裁縫を教えてくれた母がいました。おじは、本書の序文で紹介したドリルで幼い私に強烈な印象を与えました。高校時代の技術科の先生は、残念ながら名前は覚えていませんが、放課後に旋盤やフライス盤を自由に使わせてくれました。彼がそうしてくれたのは本当にすばらしいことで、私は彼にきちんと感謝できたらどんなにいいかと思っています。

　わが友ドナルドの父であるハリー・バーンハートは、大ハンマー、ハックソー、アセチレン・トーチ、モーターオイルの愛すべき匂いが染み付いたカーハートのオーバーオールなど、農場の作業小屋にある工具類の世界へと私をいざなってくれました。ドナルドの友人ディーン・ローズは、ドナルドが以前飼っていたヤギの皮を身に着けて、鍛造と金属工芸について教えてくれました。

　もっと時代を下ると、私の友人でわが農場の住人でもあるボビー・クロウが、私にコンクリート工具の世界を紹介してくれました。私のガールフレンドの息子であるトビーは、私が本書を書いている間に溶接に興味を持ち、私たちは一緒になっていろいろな世代の溶接機、プラズマカッター、グラインダー、表面処理工具、そして残念ながらこの本への掲載は間に合いませんでしたが、すばらしい金属切断用丸ノコなど、かなりの数のコレクションを作り上げました。

　中西部のオークション主催者たちと、彼らが開催する遺品オークションに出品された品々を提供した人たち（たいていは故人）に、特別な感謝を捧げたいと思います。本書の中でもとりわけ興味深い工具の多くは、彼らがかつて持っていた品です。工具のオークションほど、品物の種類がバラエティーに富んでいて、一度も見たこともないもの（そして何があっても手に入れたいもの）が少なくとも何点かは必ず混じっている場は他にありません。

　ご承知のように、私の本の謝辞が、長年の相棒である写真家ニック・マンの名前を挙げずに終わるわはずはありません。彼は、双子が生まれて赤ん坊の世話以外に割く時間がまったくなくなる前に、本書の写真の約半分を撮影してくれました。

　私を支えてくれ、頻繁に料理を作ってくれるガールフレンドのマリベル、そして私の子供たち（今ではすっかり一人前の大人です！）は、本書を執筆している間に起こったさまざまなパニックの際、大いに私を助けてくれました。

　最後に、私は感謝とは正反対の意を、イリノイ州シャンペーン郡の行政当局に対して表明したいと思います。郡は私のスタジオが入っていた建物を買い取り、この本の執筆中という考えうる限り最悪のタイミングで、そこに置いていたすべての道具を移動させるよう強いたのですから。

写真クレジット Photo Credits

本書に掲載されている写真は、以下を除き、すべてニック・マンまたはセオドア・グレイによって撮影された。

p.69 コンクリート骨材の硬さを示した地図：
MK Diamond Products

p.119 レーザーカッター：
GU Eagle Advanced Automation

p.139 食肉業者用工具：Jarvis Wellsaw

p.171 周期表テーブルと著者：Mike Walker

p195 古代エジプトのキュビット物差し：
Alain Guilleux

数字英文

2D 測定器	196–197
CNC ルーター	95
WD-40	181

あ行

穴あけパンチ	19, 135
荒っぽいクランプ	236–237
アングルグラインダー	127, 133
アングルドリル	150–151
安全上の注意	9
アンティークなおもちゃの工具	191
鋳型	83
石工用具	181
石定盤	220–221
糸ノコギリ	103
糸ノコ盤	103, 176–177
インパクトレンチ	152–153
エアコンプレッサー	137
エア式ダイグラインダー	127
エア式タッカー	89
エア式ドリル	187
エア式ノミ	123
エア式ハンマー	123
エア式レンチ	153
エクストリーム釘打ち機	124–125
枝切り–剪定鋏	98–99
エッグビータードリル	77
オーガードリル	146–147, 182–183
大型ドリル	186–187
大型バイス	240–241
大型丸ノコ	178–179
鬼目やすり	57
斧	48–49
帯ノコ →バンドソー	
おもちゃの工具	190–191

か行

カーバイド製切断ディスク	101
カーバイドチップ付きノコギリ歯	68
化学的な道具	181
型抜きプレス	135
カッター	39, 53, 59, 93, 96–97, 100
かんな	164–165
木槌 →マレット	
ギムレットドリル	183
キャリパーゲージ	204–205, 207
キルティングミシン	161
金属加工用旋盤	131
空気圧工具	136–137
釘打ち機	50–51, 88–89, 123, 124–125
釘しめ	19
釘抜き	158–159
グラインダー	126–127, 162–163
グラバー	224–225
クラフツマン	6
クランプ	234–235, 236–237
クレイジーなノコギリ	138–139
クレセントレンチ →モンキーレンチ	
クロスレンチ	79
ケーブル用皮むき器	97
研削砥石	68–69
検査顕微鏡	154–155
顕微鏡	155
工具	
触媒としての~	7
~の危険性	9
~の定義	7
鉱山用ツルハシ	87
鋼鉄工具の火花	71
コーキングガン	181
コーディネートグラフ	197
コードレスドリル	114–115
刻印	19
コレット	148–149
コンクリートネイルガン	125

さ行

裁縫用具	160–161
削岩機	123
座ぐりドリル→フォスナービット	
サンダー	128–129, 165
シガーカッター	133
ジグ（治具）	172–173
ジグソー	104–105
磁石式掃除機	181
刺繍ミシン	160, 161
シックネスゲージ	108–109
自動車マフラー用カッター	101
シャー	61, 168–169
ジャッキ	248–249
シャベル	91
周期表	8
周期表テーブル	37, 171
シュタイナー学校	91
手動式釘打ち機	50–51
定規	194–195, 197, 199
消防士の斧	49
ジョーズ・オブ・ライフ	169
除角器	133
食肉解体用ノコ	103
シリコンウェハー・スクライビング・マシン	93
真空	137
水準器	202–203
スイスアーミードライバー	120–121
スイスアーミーナイフ	251
スクイーザー	225
スクエア穴付きネジ	15
スクライバー	92–93
スクリューガン	156–157
スクレーパー	54–55
スタック式デイド	109
ステープラー	51
ステップドリル	111
スナップオン社ツールチェスト	79
スニップ	58–59
スパイラルドリル	77
スパナ	23, 43
スピアポイント・ビット	75
スプーンビット	183
スプレッダー（拡張工具）	246–247
スペードドリル	147
スポークシェイブ	55
スポット溶接機	45
スレッジハンマー	48–49
精密キャリパー	206–207
精密ドライバーセット	84–85
石材用ドリルビット	74–75
接合用ノコギリ	108–109
繊細なクランプ	234–235
センターポンチ	19
旋盤	130–131
千枚通し	93

た行

ダイグラインダー	127
ダイス	134–135
大ハンマー →スレッジハンマー	
ダイヤモンド製ドリルビット	75
ダイヤモンドブレード（ノコギリ刃）	68
ダイヤルゲージ	210–211
タイルソー	69
たがね	91
タッカー	51, 89
タップ（ねじ切り工具）	113
縦挽きノコギリ	63
タングステンカーバイドのビット	75
チェンソー	98–99, 139, 174–175
チタン製バール	87
チャック	148–149
中空ドリル	39
鋳造用具	82–83
鋳鉄	83, 167
彫刻	91, 171
彫刻刀	90–91
釿（ちょうな）	49
チョップソー	143
ツイストドリル	20–21
ツルハシ	87
デイド	109
ディバイダ	204–205
デウォルト	6, 115, 143, 179
テーブルソー	179
手押しかんな	165
手斧	49
鉄道員用検札鋏	135
テノンカッター	39
テルミット溶接	45
電圧検知器	181
電気関係の道具	

電子式下地センサー 181	ノミ 90-91, 131, 163	プラスねじ 15	マルチツール 250-251
電動カッター 59	**は行**	プラズマカッター 45	マルチドライバー 46-47
電動タッカー 89		ブラック+デッカー 6, 233	マルチレンチ 23
テンプレート 171, 205	パームリー社のレンチ 43	ブラッドネイラー 89	丸ノコ 67, 106-107
砥石車 163	バール 86-87	ブリキ鋏 58-59	マレット 32-33
銅製工具 70-72	バイスグリップ 232-233	ブレースドリル 76-77	万力 238-243
胴付（導突）ノコギリ 63	ハイトゲージ 218-219	プレス機 135, 244-245	ミツトヨ 218-219
動力式釘打ち機 88-89	パイプカッター 100-101	「フロート」やすり 57	ミルウォーキー 6, 151, 187
動力式ハンマー 122-123	パイプレンチ 26-27	プロトラクター 200-201	メイカー用ツール 118-119
特殊なプライヤー 228-229	鋏 59	分度器 →プロトラクター	メス（外科用） 53
トマホーク 49	ハックソー 64-65, 101, 133	ヘイナイフ 67	木材用ノコギリ 62-63
ドライバー 15, 30-31, 47, 84-85, 121,	バックソー 103	ベリリウム銅製工具 71	木工用工具 91
	ハリガンバール 87	ヘンケルス 43	木工用ドリル 36-37
ドライバービット 14-15	バルカナイザー（加硫機） 45	ペンチ →プライヤー	木工用ノミ 91
ドリル 5, 76-77, 114-115, 150-151	パワーネイラー →動力式釘打ち機	ベンチグラインダー（卓上研削盤） 162	モンキーレンチ 40-41
	バングホールリーマ 183		**や行**
ドリルビット 20-21, 39, 74-75, 111, 1	パンタグラフ 170-171	ボウソー（木工用弓ノコギリ） 102-103	やすり 56-57
	はんだごて 28-29	ホールソー 38-39	弓錐（ゆみぎり） 77
ドリルプレス →ボール盤	はんだ付け用具 28-29, 45	ボール盤 184-185	溶接用具 44-45
トルクスねじ（六角星形ねじ）15	ハンドグラインダー 126-127	ポケットナイフ 121	熔融カップ 83
トルクレンチ 116-117	バンドソー（帯ノコ） 144-145	保護メガネ 68, 163, 181	横挽きノコギリ 63, 67
ドレメル 127	ハンドドリル 76-77	骨ノコギリ 63, 73	**ら行**
ドローナイフ 55	ハンマー 12-13, 17, 19, 33, 41, 48-49	ボルトカッター 132-133	ラジアルアームソー 179
な行	ハンマードリル 188-189	ポンチ 18-19	ラチェットハンドル 79, 80-81
	光造形（SLA）プリンター 119	ポンチ／パンチ 134-135	ラチェットレンチセット 78-79
ナイフ 52-53, 91, 251	引き回しノコギリ 73	**ま行**	リーマ 110-111
鉈鎌（なたがま） 49	ピック 86-87, 93		リベット 34-35, 123
ニッパー 60-61	フィートポンド（単位） 117	舞錐（まいぎり） →弓錐	ルーター 94-95
ニブラー 59	フォスナービット 36-37, 147, 185	マイクロケータ 222-223	ルーフィングネイラー 89
ねじ切り工具 →タップ		マイクロメーター 212-217	るつぼ 83
ねじ回し →ドライバー	普通旋盤 131	マイターシャー（剪定用） 99	ルビーのナイフ 53
熱溶解積層（FDM）3Dプリンター 119	フライス盤 95, 155, 166-167, 171, 211	マイターソー 69, 142-143, 179, 201	レーザーカッター 119
ノギス 206-207, 215	プライヤー 226-229	マイターボックス 143	レシプロソー 140-141
ノコギリ 62-65, 72-73, 102-109, 138	プライヤーレンチ 230-231	巻尺 195, 198-199	レンガたがね 91
ノコギリの歯 66-69, 107, 109	プラグカッター 39	マキタ 151	レンガ用ハンマー 87
			レンチ 22-23, 24-25, 26-27, 40-43,
			ろう付け用具 29
			ロープソー 73
			ローラー距離計 195
			六角レンチ 23, 73, 121
			わ行
			ワイヤーカッター 96-97
			ワイヤーストリッパー 97
			ワブル・デイド 109

[著者] **セオドア・グレイ**（Theodore Gray）

イリノイ大学アーバナ・シャンペーン校とカリフォルニア大学バークレー校大学院で学んだ後、スティーヴン・ウルフラムとともにウルフラム・リサーチを創業し、同社が開発した数式処理システムMathematica（マセマティカ）や質問応答システムWolfram Alpha（ウルフラム・アルファ）の構築に携わった。「ポピュラー・サイエンス」誌のサイエンスライターとしても活躍。2010年にウルフラムを退職した後は元素収集の趣味を発展させた執筆活動を行うほか、iPadやiPhone用アプリの制作会社を創設し、ディズニー・アニメの歴史をたどれる双方向アプリDisney Animatedなどを手掛けた。主な著書に『世界で一番美しい元素図鑑』『世界で一番美しい分子図鑑』『世界で一番美しい化学反応図鑑』『世界で一番美しい「もの」のしくみ図鑑』『世界で一番美しいエンジン図鑑』（以上創元社）、『Mad Science —炎と煙と轟音の科学実験54』『Mad Science 2 —もっと怪しい炎と劇薬と爆音の科学実験』（以上オライリージャパン）などがある。イリノイ州アーバナ在住。自身のサイトとしてperiodictable.comとmechanicalgifs.comを運営している。

[写真] **ニック・マン**（Nick Mann）

写真家。黒をバックにした美しい写真の撮影を得意とする。『世界で一番美しい元素図鑑』『世界で一番美しい「もの」のしくみ図鑑』など、本シリーズの写真で知られる。スタジオでの撮影のほか、風景写真やステレオ写真の分野でも活躍している。趣味はマウンテンバイク。イリノイ州アーバナ出身。

[監修者] **高野倉匡人**（たかのくら　まさと）

1963年東京生まれ。1996年、上質工具のセレクトショップ「FACTORY GEAR」を千葉県柏市にて開業。2000年にファクトリーギア株式会社を設立。2024年現在、台湾、タイ、香港などに直営店、提携店4店舗を展開し、国内外17店舗を運営する。店頭配布用として作られた雑誌をきっかけに、クルマ、バイク、DIYなどの雑誌に工具関連の連載記事を寄稿。テレビ、ラジオ、雑誌、SNSなど多くのメディアを通じて発信するハンドツールジャーナリストとしても活躍している。2005年『工具の本』（学習研究社）を刊行、以後、10シリーズが続いている。2022年よりTBSラジオ「工具大好き」（2024年3月からはラジオ大阪にもネット）、2024年3月からはTOKYO FM「TOOLS BAR RADIO」のメインパーソナリティー。YouTubeチャンネル「ファクトリーギアTV～工具好き～」はチャンネル登録11.3万人。

[訳者] **武井摩利**（たけい　まり）

翻訳家。東京大学教養学部教養学科卒業。主な訳書にB・レイヴァリ『船の歴史文化図鑑』（共訳、悠書館）、R・カプシチンスキ『黒檀』（共訳、河出書房新社）、M・D・コウ『マヤ文字解読』（創元社）、T・グレイ『世界で一番美しい元素図鑑』『世界で一番美しい分子図鑑』『世界で一番美しい化学反応図鑑』『世界で一番美しい「もの」のしくみ図鑑』『世界で一番美しいエンジン図鑑』（同）、P・ソハ＆W・グライコフスキ『ミツバチのはなし』（徳間書店）などがある。

TOOLS: A Visual Exploration of Implements and Devices in the Workshop
by Theodore Gray
Copyright © 2023 by Theodore Gray
This edition published by arrangement with Black Dog & Leventhal, an imprint of Perseus Books, LLC, a subsidiary of Hachette Book Group, Inc., New York, New York, USA, through Japan UNI Agency, Inc., Tokyo.
All rights reserved.

世界で一番美しい工具図鑑

2024年12月10日　第1版第1刷発行

著　者　セオドア・グレイ
写　真　ニック・マン
監修者　高野倉匡人
訳　者　武井摩利
発行者　矢部敬一
発行所　株式会社創元社
　〈本　　社〉〒541-0047 大阪市中央区淡路町4-3-6
　　　　　　　Tel.06-6231-9010㈹　Fax.06-6233-3111
　〈東京支店〉〒101-0051 東京都千代田区神田神保町1-2 田辺ビル
　　　　　　　Tel.03-6811-0662㈹
　〈ホームページ〉https://www.sogensha.co.jp/
印刷所　TOPPANクロレ株式会社

© 2024, Printed in Japan ISBN978-4-422-50004-1 C0053
〔検印廃止〕
本書の全部または一部を無断で複写・複製することを禁じます。
落丁・乱丁のときはお取り替えいたします。

JCOPY　〈出版者著作権管理機構　委託出版物〉
本書の無断複製は著作権法上での例外を除き禁じられています。複製される場合は、そのつど事前に、出版者著作権管理機構（電話03-5244-5088、FAX03-5244-5089、e-mail: info@jcopy.or.jp）の許諾を得てください。

TOOLS

A Visual Exploration of Implements and Devices in the Workshop

BY THEODORE GRAY

Photographs by Nick Mann

THE PERIODIC TABLE OF TOOLS
https://periodictableoftools.com/

各枠の左上には元素記号に模した工具の英語名の短縮形を載せています。

それぞれの工具の英語名は上記のウェブサイト内で確認することができます。